# 平面设计
## Illustrator CS5

职业学校多媒体应用技术专业教学用书

主编 杨土娇

华东师范大学出版社
·上海·

图书在版编目(CIP)数据

平面设计 Illustrator CS5/杨土娇主编. —上海：华东师范大学出版社,2012.8
中等职业学校教学用书
ISBN 978-7-5617-9822-5

Ⅰ.①平… Ⅱ.①杨… Ⅲ.①平面设计-图形软件-中等专业学校-教材 Ⅳ.①TP391.41

中国版本图书馆 CIP 数据核字(2012)第 184760 号

# 平面设计 Illustrator CS5

职业学校多媒体应用技术专业教学用书

| | |
|---|---|
| 主　　编 | 杨土娇 |
| 责任编辑 | 李　琴 |
| 审读编辑 | 刘琼琼 |
| 版式设计 | 徐颖超 |
| 出版发行 | 华东师范大学出版社 |
| 社　　址 | 上海市中山北路 3663 号　邮编 200062 |
| 网　　址 | www.ecnupress.com.cn |
| 电　　话 | 021-60821666　行政传真 021-62572105 |
| 客服电话 | 021-62865537　门市(邮购)电话 021-62869887 |
| 地　　址 | 上海市中山北路 3663 号华东师范大学校内先锋路口 |
| 网　　店 | http://hdsdcbs.tmall.com |
| | |
| 印　刷　者 | 宜兴德胜印刷有限公司 |
| 开　　本 | 787 毫米×1092 毫米　1/16 |
| 印　　张 | 17.25 |
| 字　　数 | 360 千字 |
| 版　　次 | 2012 年 10 月第 1 版 |
| 印　　次 | 2024 年 2 月第 8 次 |
| 书　　号 | ISBN 978-7-5617-9822-5 |
| 定　　价 | 38.00 元 |
| | |
| 出版人 | 王　焰 |

(如发现本版图书有印订质量问题,请寄回本社客服中心调换或电话 021-62865537 联系)

# 本书编委会

**主编：** 杨土娇

**顾问：** 杨　勇　　黄　波　　陈健美　　简琦昭

　　　　 龙雪峰　　李秀林　　李慧中　　刘彦求

**编委：** 李锦标　　刘桂扬　　马　婷　　李成国

　　　　 陈希翎　　杨晓红　　肖丽红　　李耀炳

　　　　 沈宠棣　　钟平福　　黎广林　　杨烨辉

　　　　 张耀文　　易铃棋　　杨胜中　　郭雪梅

　　　　 谷海军　　陈海龙　　程五毛　　黄永枝

　　　　 胡思政　　陈伟城　　甘嘉峰　　陈　涛

　　　　 邓高兰　　邓绍强　　邓文锋　　刘春镇

　　　　 王青徽　　陈永涛　　唐　洋　　陈建威

# 出版说明 Chubanshuoming

本书是职业技术学校多媒体应用技术专业教学用书。

本书采用了 Illustrator CS5 版本的软件，由具有丰富平面设计和教学经验的教师编写而成，内容通俗易懂，经典实用。

党的二十大报告强调，"素质教育是教育的核心，教育要注重以人为本、因材施教，注重学用相长、知行合一"。适合的教育是最好的教育，每个学生的禀赋、潜质、特长不同，学校要坚持以学生为本，注重因材施教。本教材采用任务驱动、项目式教学的方法进行编写，秉持着在实践中学习的理念，让学生"做中学、学中做"。全书的 8 个项目，分别涵盖了 Illustrator 软件的基本知识与路径、上色、文字、图层、蒙版、对象变换、效果、符号、画笔、实时描摹、混合与透视网格等平面设计中常用的功能。

由于本课程的动手实践特点很强，为提高教学效果，在免费赠送的教学资源中提供了各任务的素材、结果文件以及操作视频。

本书主要栏目设计如下：

**本项目学习目标**：让学生了解本项目要达到的学习目标，带着目标去学习。

**本项目相关资源**：为了方便教学，本书免费提供了资源包，包含了三个文件夹"素材"、"结果文件"、"录像文件"，分别放置各个任务的相关文件和操作视频。读者可以从后面的网站上下载，或向客服索取。

**操作步骤**：提供各任务详细的绘图步骤。

**相关知识与技能**：提供与本项目相关的知识点介绍和补充。

**小结**：对本项目主要学习内容与目标进行总结和回顾。

为了进一步巩固所学，督促学生在不断练习中加强操作技能的熟练程度，本书还配备有：

# 出版说明 Chubanshuoming

《平面设计实训 Illustrator CS5》：针对每个项目的学习目标，提供了大量的实践任务，督促学生不断提高技能熟练程度，并进一步拓展技能点和增强设计理念。

本书的资源包和PPT、教案等相关教学资源，请至www.shlzwh.com 中的"教学资源"栏目，搜索"平面设计"下载，或请与我社客服联系：service@shlzwh.com，13671695658。

华东师范大学出版社
2012 年 10 月

# Qianyan 前　　言

　　Illustrator 是 Adobe 公司著名的矢量图形制作软件，可用于绘制插图、印刷排版、多媒体及 Web 图形的制作和处理，在全球拥有大量用户，备受设计师青睐。Adobe Illustrator CS5 软件提供了许多高级绘制工具（如：可以在透视中实现精准的绘图、创建宽度可变的描边、更加形象逼真的画笔）以及一些可以节省绘图时间的程序，并集成了 Adobe CS Live 联机服务，为用户提供了更高的精度和更强大的功能。

　　本书共分 8 个项目，介绍了 AI 绘图的基本知识，并由浅入深地讲解了路径、上色、文字、图层、蒙版、效果、符号、画笔、实时描摹、混合、透视网格等常用功能。

　　本书由资深设计师、高级讲师精心规划与编写，讲解深入浅出，结合典型实例和丰富的插图，以详细具体的步骤介绍各项功能的操作。本书具有以下特点：

### ● 项目式教学，通俗易懂

　　本书采用任务驱动、项目式教学法，通过精心设计的任务，让学生在实践中学习技能，摆脱传统的理论式教学"重理论、轻技能"的困境，侧重实际技能操作，鼓励学生不断练习和巩固所学技能。

### ● 内容精心设计

　　本书的 8 个项目，在技能点结构、难度层次以及任务设计上都经过精心的设计和规划，充分考虑了职业学校学生的学习特点和本课程的教学特点。全书技能点结构设计规范、分布合理；难度上循序渐进；各任务的案例经过精心挑选，不仅仅在美观度、实用性上经过细细考量，还能充分展现各技能点的功能和使用方法，以充分调动学生的学习兴趣。

### ● 课后练习丰富

　　学习平面设计软件，往往要通过不断的练习，才能熟练掌握各种命令的使用方法，达到学以致用的目的。因此，本书还配备了一本上机实训，提供了大量精心设计的练习任务，用以巩固和加强所学技能，让学生在学习和模仿的基础上，勇于自我探索，用自己的创意、方法来设计相关的作品。

### ● 配套资源丰富

　　鉴于平面设计是一个实践性很强的课程，为了帮助大家更好地掌握实践技能和问题

解决技巧，本书将免费提供各任务的操作视频、各类素材和最终的结果文件，索取方式可参见出版说明中的网址和联系方式；读者还可以联系 QQ(478134093)进行在线技术支持和讨论。

  本书为职业技术学校的教学用书，也可作为平面设计初学者的自学参考书。本书由杨土娇担任主编，本书编委会各位老师参与编写。在本书的编写过程中，我们力求精益求精，但难免存在一些不足之处，敬请广大读者批评指正。

编者

2012 年 10 月

## 项目一　基本图形的绘制　1
　　任务一　绘制名片背面　1
　　任务二　绘制 2012 文字图形　4
　　任务三　绘制工商银行标志　8
　　任务四　绘制光盘平面图　15
　　任务五　绘制智能手机平面图　17
　　任务六　绘制伞顶展开平面图　19
　　相关知识与技能　21

## 项目二　路径的绘制与编辑　35
　　任务一　绘制苹果标志　35
　　任务二　绘制农场的白云　38
　　任务三　绘制防盗狗　43
　　相关知识与技能　49

## 项目三　上色的类型与编辑　65
　　任务一　绘制字体：卡通字体　65
　　任务二　绘制背景：光盘　71
　　任务三　绘制产品宣传：珍珠　76
　　任务四　绘制无缝贴图：花式图案　83
　　相关知识与技能　89

## 项目四　文字的编辑与制作　112
　　任务一　绘制海报：第厄普风筝的首都　112
　　任务二　绘制印章　119
　　任务三　排版设计：酒文化　123

　　相关知识与技能　128

## 项目五　图层与透明度　143
　　任务一　设计字体：彩色玻璃字　143
　　任务二　设计插画：水彩郁金香　146
　　任务三　设计图案：炫丽光谱图　155
　　相关知识与技能　159

## 项目六　创建效果　170
　　任务一　设计字体：透明立体字　170
　　任务二　设计背景：透视图片　173
　　任务三　设计海报：歌唱比赛　176
　　任务四　设计标志：3D 螺旋体　183
　　任务五　设计信笺：圣诞节信笺　189
　　相关知识与技能　192

## 项目七　符号与实时描摹　203
　　任务一　设计插画：秋之枫　203
　　任务二　设计插画：城市之夜　210
　　任务三　设计插画：花纹　216
　　任务四　设计背景：日落　222
　　相关知识与技能　226

## 项目八　对象混合与透视网格　240
　　任务一　设计插画：梨　240
　　任务二　设计建筑背景：教学楼　245
　　相关知识与技能　255

# 项目一　基本图形的绘制

学习平面设计，首先要打好基本功——基本图形的绘制，本项目主要介绍了用于绘制与编辑对象的部分命令按钮，如：矩形、椭圆、文字、星形等绘图命令工具，以及排列、变换等相关的编辑命令工具。

『本项目学习目标』
- 掌握直线段命令的使用技巧
- 掌握矩形命令的使用技巧
- 掌握多边形命令的使用技巧
- 掌握星形命令的使用技巧
- 掌握椭圆命令的使用技巧
- 掌握排列命令的使用技巧
- 掌握变换命令的使用技巧
- 掌握形状模式的使用技巧

『本项目相关资源』

| 资源包 | 结果文件 | 资源包中"项目一\结果文件"文件夹 |
|---|---|---|
| | 录像文件 | 资源包中"项目一\录像文件"文件夹 |

## 任务一　绘制名片背面

本任务通过绘制名片背面，学习运用直线段工具、矩形工具绘制图形，以及使用文字工具输入文字。最终效果如图 1-1 所示。

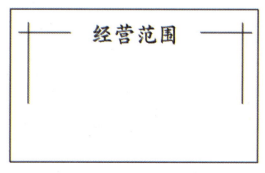

图 1-1　名片背面

# 平面设计 Illustrator CS5

 操作步骤

**步骤1** 新建文档。启动 Illustrator CS5，选择"文件/新建"命令（或使用快捷键 Ctrl+N），弹出"新建文档"对话框后，在名称处输入"名片背面"，其他为默认值，然后单击"确定"，如图1-2 所示。

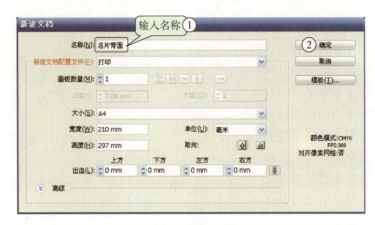

图1-2 新建文档

**步骤2** 在绘图区右键单击，弹出快捷菜单，将光标移至"显示网格"命令，然后单击鼠标左键，绘图区显示网格，如图1-3 所示。

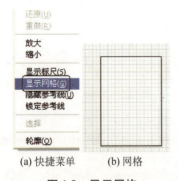

(a) 快捷菜单　　(b) 网格

图1-3 显示网格

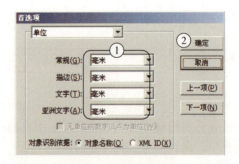

图1-4 更改单位

> **提示**
> 在绘制图形前，需要将单位由 pt 更改为 mm。选择菜单栏"编辑/首选项/单位"命令，系统弹出"首选项"对话框，在下拉菜单中选择"毫米"即可，如图1-4 所示。

**步骤3** 单击工具栏中的"矩形工具"按钮 ▭（或按快捷键 M），单击一点以指定矩形左上角所在的位置，系统弹出"矩形"对话框，指定宽度 95.25 mm 和高度 57.15 mm，然后单击"确定"(如位置不满意,可使用"移动工具"再作调整),如图 1-5 所示。

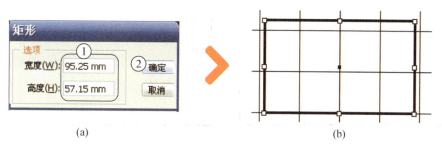

图 1-5　绘制矩形

**步骤 4**　单击"直线段工具",在绘制直线的同时按住 Shift 键(可成 45°的倍数绘制直线段),绘制左上角的两条直线段(可按"提示"内容将工作区放大来进行绘制),如图 1-6 所示。

> **提示**
>
> 　　键盘快捷键 Ctrl＋＋可以放大对象,Ctrl＋－可以缩小对象;单击工具栏的"缩放工具"按钮 🔍,在绘图区进行单击,可将对象进行放大;按下鼠标右键,弹出快捷菜单后,可选择"缩小"命令进行缩小;单击工具栏"抓手工具"按钮 ✋ 或快捷键 H,可以在窗口中移动画板。

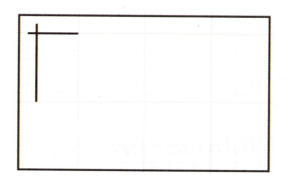　　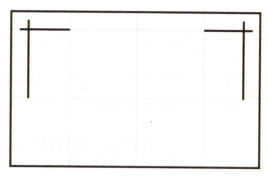

图 1-6　绘制左上角直线段　　　　　图 1-7　绘制右上角直线段

**步骤 5**　继续使用直线段工具绘制右上角的两条直线段(注:利用网格,可以很容易绘制出与左上角的直线段高度、长度相同,左右对称的直线段),如图 1-7 所示。

**步骤 6**　使用"文字工具"输入文字"经营范围",再使用"移动工具"将文字拖至如图 1-8 所示位置。

**步骤 7**　隐藏网格。在没选择任何对象的状态下,单击鼠标右键打开快捷菜单,选择"隐藏网格"命令便可,结果如图 1-9 所示。

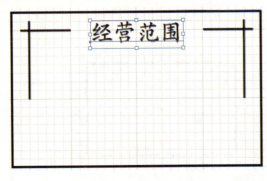 

图 1-8　输入文字　　　　　　　图 1-9　结果图

## 任务二　绘制 2012 文字图形

本任务通过 2012 文字的绘制，以达到熟悉使用直线段工具、文字工具，以及填充颜色和描边填充命令的目的。最终效果如图 1-10 所示。

图 1-10　2012 文字图形

**步骤 1**　新建文档。选择"文件/新建"命令（或使用快捷键 Ctrl+N），弹出"新建文档"对话框后，在名称处输入"2012 文字图形"，其他为默认值，然后单击"确定"，如图 1-11 所示。

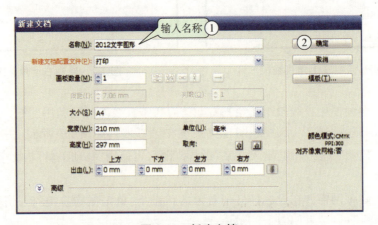

图 1-11　新建文档

步骤2  绘制"2"字。单击工具栏中的"直线段工具"按钮 ◣（或按快捷键\），激活"直线段工具"后,将指针定位到线段开始的位置,同时按下鼠标及 Shift 键,拖动到合适的终止位置后松开鼠标,绘制出上横线,如图 1-12(a)所示。重复使用该命令绘制其他线段,如图 1-12(b)～(e)所示。

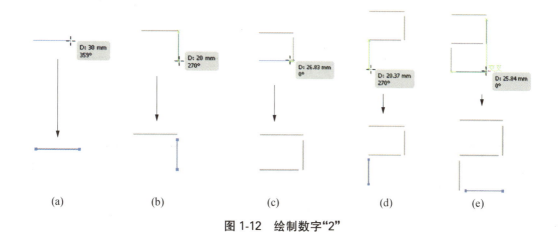

图 1-12  绘制数字"2"

步骤3  绘制"0"字,如图 1-13 所示。

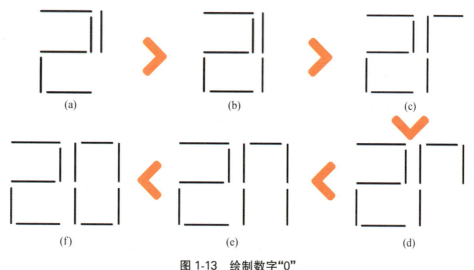

图 1-13  绘制数字"0"

步骤4  绘制"1"字。使用"直线段工具"绘制数字"1",之后单击控制面板上的"画笔定义"栏,系统弹出画笔面板后,单击"榛树"的画笔类型,如图 1-14 所示。

步骤5  移动复制"2"字。使用"选择工具"框选"2"字的图形后,双击"选择工具"按钮 ▶,系统弹出"移动"对话框,输入参数,单击"复制"按钮,如图 1-15 所示。

步骤6  单击工具栏中的"文字工具"按钮 T,激活"文字工具"后,选择菜单栏"文字/字体"的下拉选项 O Adobe 楷体 Std R 命令,设置文字大小为 7 pt,然后如图 1-16 所示输入文字"12月21日"和"玛雅预言并非世界末日,是旧历结束,新历开始"。

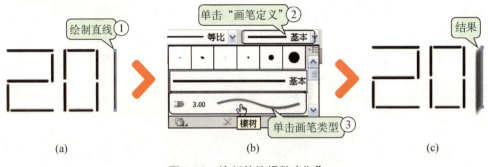

图 1-14 绘制并编辑数字"1"

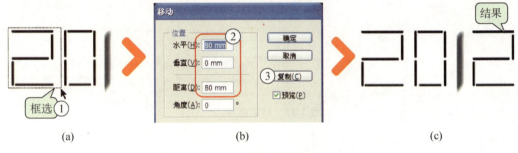

图 1-15 复制直线对象

图 1-16 输入文字

步骤7 选择"直线段工具",在"玛雅预言并非世界末日,是旧历结束,新历开始"的文字下绘制一条下划线,如图 1-17 所示。

图 1-17 绘制下划线

步骤8 为下划线描边填充黄色。使用"选择工具"选取下划线后,单击控制面板中的描边颜色按钮,系统弹出颜色面板,将光标移至黄色色块上单击,填充黄色,如图 1-18 所示。

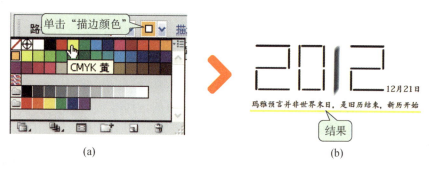

图 1-18 下划线描边填充

步骤 9  为用直线段制作的每个数字图形填充不同颜色。使用"选择工具"框选每一个数字的直线段,然后按上步操作进行填充,结果如图 1-19 所示。

图 1-19 为数字填充不同颜色

步骤 10  为文字填充红色。使用"选择工具"选取文字,然后如图 1-20 所示进行操作。

图 1-20 文字填充颜色

步骤 11  最后完成结果如图 1-21 所示。

图 1-21 结果图

## 任务三 绘制工商银行标志

本任务通过绘制工商银行标志,以达到掌握椭圆工具、矩形工具的编辑与使用技巧,以及了解路径查找器、填充颜色、对齐面板的使用方法的目的。最终效果如图1-22所示。

图1-22 工商银行标志

 新建文档。启动Illustrator CS5,选择"文件/新建"命令(或快捷键Ctrl+N),弹出"新建文档"对话框,如图1-23所示进行操作。

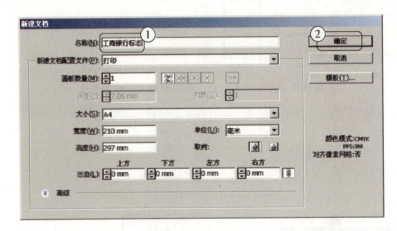

图1-23 新建文档

步骤2 矩形的绘制及编辑。

(1)单击工具栏中的"矩形工具"按钮 ▭ (或使用快捷键M),状态栏显示为 矩形▶ 时,在绘图工作区单击,弹出"矩形"对话框,如图1-24所示设置参数。

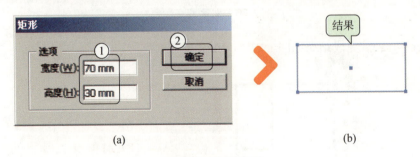

图1-24 绘制矩形

(2)继续使用"矩形工具"在绘图工作区单击,弹出"矩形"对话框,如图1-25所示设置参数。
(3)选择菜单栏"窗口/对齐"命令(或快捷键Shift+F7),弹出"对齐"面板,如图1-26所示。

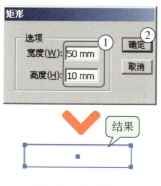

图 1-25　绘制矩形

图 1-26　对齐面板

（4）单击工具栏中的"选择工具"按钮 ▶（或按快捷键 V），在状态栏显示为 选择 ▶ 时，在绘图工作区框选两个矩形，如图 1-27 所示。

（5）当两个矩形为选取状态后，在"对齐"面板中单击"水平居中对齐"与"垂直居中对齐"按钮，如图 1-28 所示。

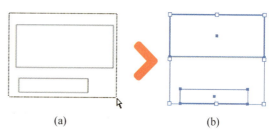

图 1-27　框选两矩形

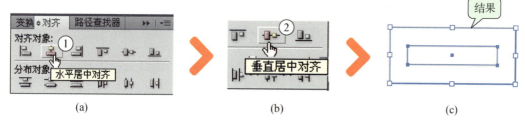

图 1-28　矩形对齐

（6）两个矩形在选取状态下时，选择菜单栏"窗口/路径查找器"命令（或按快捷键 Shift+Ctrl+F9），弹出"路径查找器"面板，单击"减去顶层"按钮，结果如图 1-29 所示。

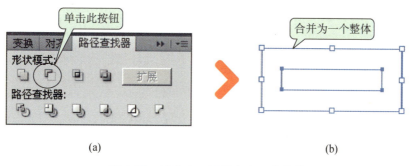

图 1-29　减去上一层组合为一个整体

（7）两个矩形在选取状态下时，双击工具栏的"选择工具"，系统弹出"移动"对话框，如图 1-30 所示进行移动复制。

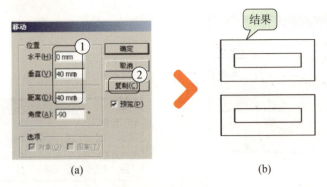

图 1-30 复制对象

（8）单击工具栏中的"矩形工具"按钮 ▭（或按快捷键 M），激活"矩形工具"后，在绘图工作区单击，弹出矩形对话框，如图 1-31 所示设置参数。

图 1-31 绘制矩形

（9）单击工具栏中的"选择工具"按钮 ▶（或按快捷键 V），激活选择工具后，将 30×20 的矩形拖拽到如图 1-32(a)所示位置，然后框选所有矩形，如图 1-32(b)所示。

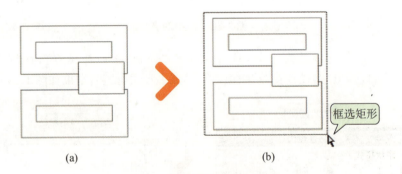

图 1-32 移动及框选矩形

（10）选择菜单栏"窗口/对齐"命令（或使用快捷键 Shift+F7），弹出"对齐"面板，然后单击"水平居中对齐"与"垂直居中分布"按钮，如图 1-33 所示进行操作。

（11）三个矩形在选取状态下时，单击"路径查找器"选项，切换到"路径查找器"面板，单击"联集"按钮，如图 1-34 所示。

步骤 3　填充颜色。选取所有的矩形，选择"窗口/色板"命令（或在控制面板中单击下拉按钮 ▭），系统弹出色板面板后，单击红色的 CMYK 色块填充，如图 1-35 所示。

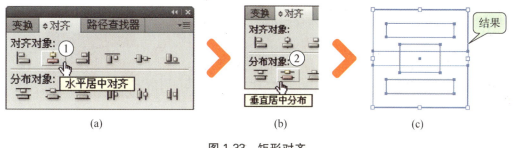

图 1-33 矩形对齐

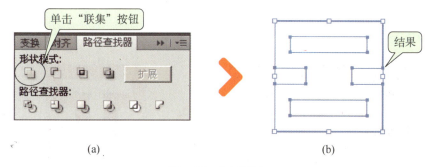

图 1-34 矩形联集

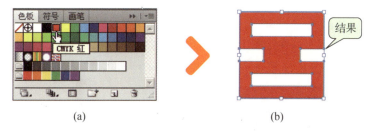

图 1-35 填充颜色

步骤4 矩形修剪。

(1) 激活"矩形工具"后,在绘图工作区单击,弹出"矩形"对话框,如图 1-36 所示进行操作。

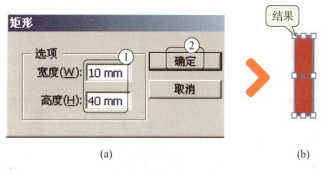

图 1-36 绘制矩形

(2) 使用"选择工具"框选所有的矩形,再按快捷键 Shift+F7,打开"对齐"面板进行对齐,如图 1-37 所示。

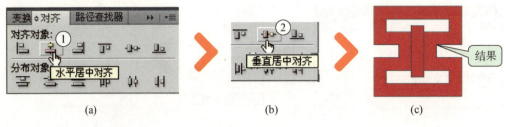

图 1-37　矩形对齐

（3）选取所有矩形，使用快捷键 Shift＋Ctrl＋F9，打开"路径查找器"面板，然后单击"减去顶层"按钮，如图 1-38 所示。

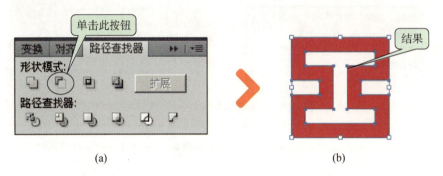

图 1-38　减去顶层

（4）激活"矩形工具"后，在绘图工作区单击，弹出"矩形"对话框，如图 1-39 所示进行操作。

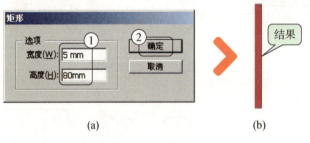

图 1-39　绘制矩形

（5）使用"选择工具"框选所有的矩形，再按快捷键 Shift＋F7，打开"对齐"面板进行对齐，如图 1-40 所示进行操作。

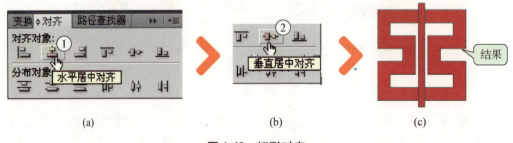

图 1-40　矩形对齐

（6）所有矩形处在选中状态时,使用快捷键 Shift+Ctrl+F9,打开"路径查找器"面板,然后单击"减去顶层"按钮,如图 1-41 所示。

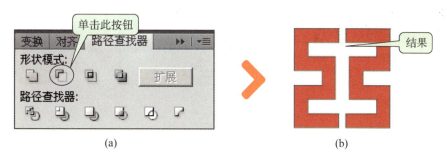

图 1-41　减去顶层

步骤5　绘制及编辑圆。

（1）单击"矩形工具"的按钮并按下不放,当弹出下拉菜单后,选择"椭圆工具",再松开鼠标左键(或按快捷键 L),状态栏显示为 椭圆▶ 时,在绘图工作区单击,弹出"椭圆"对话框,然后如图 1-42 所示进行参数设置。

图 1-42　绘制圆

（2）继续使用"椭圆工具"绘制圆形,如图 1-43 所示进行操作。

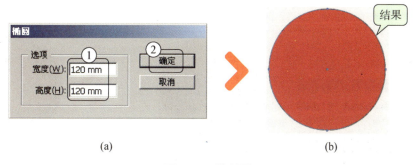

图 1-43　绘制圆

（3）使用"选择工具"框选两椭圆,再按快捷键 Shift+F7,打开"对齐"面板后,单击"水平居中对齐"与"垂直居中对齐"按钮,如图 1-44 所示。

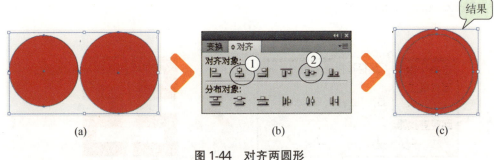

图 1-44 对齐两圆形

（4）所有两圆形处在选中状态时，按快捷键 Shift+Ctrl+F9，打开"路径查找器"面板，然后单击"减去顶层"按钮，如图 1-45 所示。

图 1-45 减去顶层

**提示**

当单击"减去顶层"按钮时，若系统弹出如图 1-46 所示的错误提示，意味着虽把两对象进行重新排列，但两对象图层位置不对。此时，使用"选择工具"选择被减对象（即 120×120 的圆），再选择菜单栏"对象/排列/置于底层"，结果如图 1-47 所示。之后，再进行"减去顶层"命令即可。

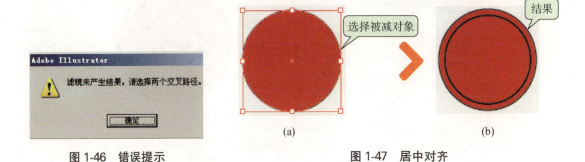

图 1-46 错误提示　　　　　　　　图 1-47 居中对齐

（5）使用"选择工具"框选所有的图形，再按快捷键 Shift+F7，打开"对齐"面板后进行水平与垂直对齐，如图 1-48 所示进行操作。

项目一 基本图形的绘制

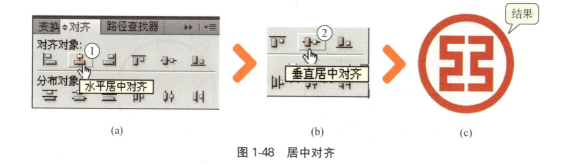

图 1-48 居中对齐

## 任务四　绘制光盘平面图

本任务通过绘制光盘平面图,以达到熟练掌握椭圆工具的编辑与使用技巧,以及熟悉填充渐变、对齐面板的使用方法的目的。最终效果如图 1-49 所示。

步骤 1　新建文档,命名为"光盘平面图",其他为默认值。
步骤 2　使用"椭圆工具"绘制圆形,如图 1-50 所示。

图 1-49 光盘平面图

图 1-50 绘制圆形

步骤 3　选中圆形,在控制面板中单击"画笔定义"按钮,系统弹出"画笔"面板,单击选择 7 pt,如图 1-51 所示。

步骤 4　继续在控制面板中单击填色按钮,系统弹出色块面板,单击"特柔黑色晕影"类型,如图 1-52 所示。

步骤 5　渐变圆形在选中状态时,双击工具栏中的"渐变工具"按钮(或按快捷键 Ctrl+F9),弹出对话框后,如图 1-53 所示进行设置。

步骤 6　使用"椭圆工具"绘制同心圆,以渐变圆形的中心为中心点,按住 Alt+Shift 键绘制圆形,然后填充黑色,如图 1-54 所示。

· 15 ·

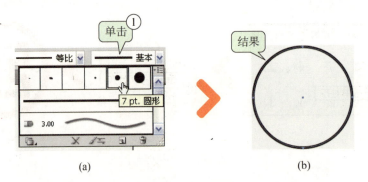

图 1-51　轮廓加粗

图 1-52　填充渐变

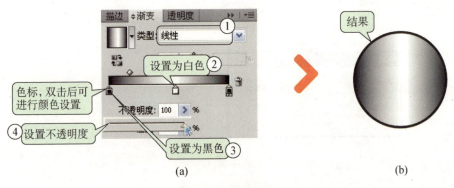

图 1-53　填充渐变

图 1-54　绘制同心圆

步骤 7　继续使用"椭圆工具"绘制同心圆,以黑色圆形的中心为中心点绘制圆形,再按住 Alt+Shift 键绘制圆形,然后填充白色,如图 1-55 所示。

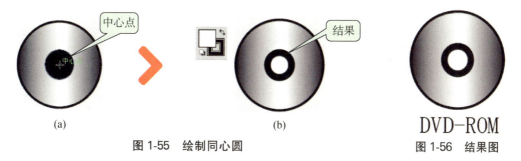

图 1-55　绘制同心圆　　　　　　图 1-56　结果图

步骤 8　输入文字,结果如图 1-56 所示。

## 任务五　绘制智能手机平面图

本任务通过绘制智能手机平面图,以达到熟练掌握矩形工具、圆角矩形,以及网格的使用技巧的目的,并能区分矩形工具与圆角矩形的区别。最终效果如图 1-57 所示。

图 1-57　智能手机平面图

操作步骤

步骤 1　新建文档,命名为"智能手机平面图",其他使用默认值来建立文档。

步骤 2　在绘图区鼠标右键打开快捷菜单,再单击"显示网格"命令。

步骤 3　单击并长按"矩形工具"按钮 ▭ ,弹出多个命令,选择"圆角矩形工具" ▢ ,松开鼠标,"圆角矩形工具"被激活,绘制圆角矩形。然后使用"选择工具"将图形拖曳到合适的网格位置,如图 1-58 所示。

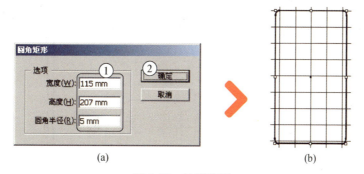

图 1-58　绘制矩形

步骤 4　使用"矩形工具"绘制矩形,再移动到合适的网格位置,如图 1-59 所示。

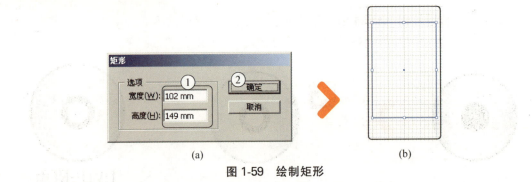

图 1-59 绘制矩形

步骤5 继续使用"矩形工具"绘制两个小矩形,如图 1-60 所示。

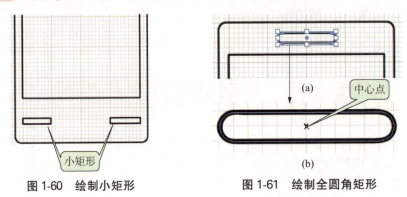

图 1-60 绘制小矩形　　图 1-61 绘制全圆角矩形

步骤6 使用"圆角矩形工具",按下键盘上的 Alt 键,鼠标指针呈 状时,单击手机中心线为矩形的中心位置,沿对角线方向拖动鼠标并按下→键(→键可使圆角圆度最大),从中心点绘制全圆角矩形,如图 1-61 所示。

步骤7 使用"圆角矩形工具",按下键盘上的 Alt+Shift 键,鼠标指针呈 状时,如图 1-62 所示进行操作。

步骤8 隐藏网格后,结果如图 1-63 所示。

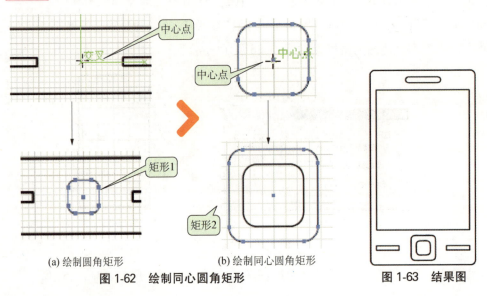

(a) 绘制圆角矩形　　(b) 绘制同心圆角矩形
图 1-62 绘制同心圆角矩形　　图 1-63 结果图

# 任务六　绘制伞顶展开平面图

本任务通过伞顶展开平面图的绘制,以达到熟练掌握多边形工具、星形工具、旋转工具的编辑与使用技巧,以及文字工具的使用方法的目的。最终效果如图 1-64 所示。

图 1-64　伞顶展开平面图

操作步骤

步骤 1　新建文档,命名为"伞顶展开平面图",其他使用默认值来建立文档。

步骤 2　使用"多边形工具"绘制如图 1-65 所示的多边形。

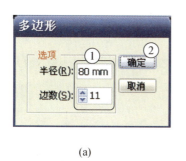  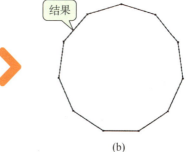

(a)　　　　　　　　　　　　　　(b)

图 1-65　绘制多边形

步骤 3　使用"星形工具"绘制如图 1-66 所示的星形。

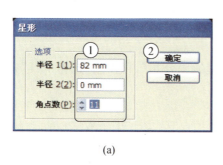 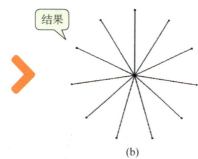

(a)　　　　　　　　　　　　　　(b)

图 1-66　绘制星形

步骤 4　选中星形,单击"画笔定义",弹出"画笔"面板后,单击 3 pt,如图 1-67 所示。

步骤 5　使用"选择工具",同时选中多边形与星形,使用快捷键 Shift+F7 打开"对齐"面板后,单击"水平居中对齐"与"垂直居中对齐",如图 1-68 所示。

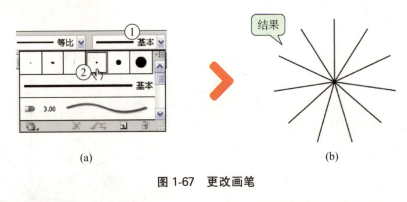

图 1-67　更改画笔

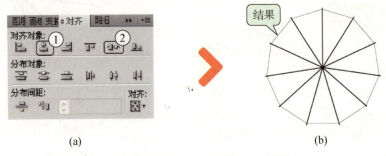

图 1-68　对齐设置

步骤6　使用"星形工具"绘制星形，填充为红色，再使用"选择工具"将其放置于伞面上，如图 1-69 所示。

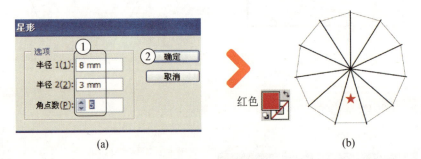

图 1-69　绘制星形

步骤7　单击"文字工具"，输入文字"星星有限公司"，再使用"选择工具"将其调整到合适位置，如图 1-70 所示。

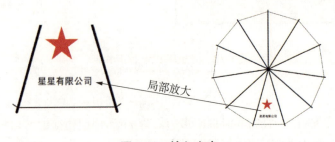

图 1-70　输入文字

步骤8  其他的星形与文字的绘制方法一样,但须使用"选择工具"将其作旋转调整,如图 1-71 所示。

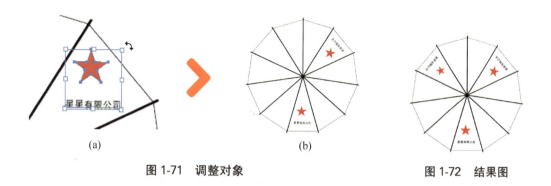

(a)    (b)

图 1-71  调整对象    图 1-72  结果图

步骤9  最后完成结果如图 1-72 所示。

## 相关知识与技能

### 一、认识 Illustrator CS5

#### 1. 了解矢量图与位图

矢量图和位图,是由不同的软件采取不同的存储方式而生成的两种不同的文件类型。

**(1) 矢量图**

矢量图,又称向量图,是由线条和图块组成的图像。将矢量图放大后,图形仍能保持原来的清晰度,且色彩不失真,如图 1-73 所示。

图 1-73  矢量图放大后不失真

矢量图的特点如下:

① 文件小:由于图像中保存的是线条和图块的信息,所以矢量图形文件大小与分辨率和图像大小无关,只与图像的复杂程度有关,图像越简单,所占的存储空间越小。

② 图像大小可以无级缩放：在对图形进行缩放、旋转或变形操作时，图形仍具有很高的显示和印刷质量，且不会产生锯齿模糊效果。

③ 可采取高分辨印刷：矢量图形文件可以在任何输出设备上以输出设备的最高分辨率输出。

Illustrator 是 Adobe 公司推出的旗舰级的矢量绘图产品。

### (2) 位图

位图，也叫栅格图像，是由很多个像小方块一样的颜色网格（即像素）组成的图像，位图中的图像由其位置值与颜色值表示，也就是将不同位置上的像素设置成不同的颜色，组成一幅图像，如图1-74所示。

图 1-74　位图放大后的失真

位图的特点如下：

① 文件所占的空间大。

② 图像会产生锯齿，位图图像放大到一定的倍数后，看到的便是一个个方形的色块，随之整体图像也会变得模糊、粗糙。

③ 位图图像在表现色彩、色调方面的效果比矢量图更加优越，尤其是在表现图像的阴影和色彩的细微变化方面效果更佳。

目前平面设计中位图图像处理的首选软件，是 Adobe 公司推出的 Photoshop 系列产品。

### 2. Illustrator CS5 工作界面

启动 Illustrator CS5 应用程序后，可以使用工作区的各种元素（如：面板、菜单栏以及工具栏等）来创建和处理文档和文件。用户可以从多个预设工作区中选择或创建适合自己工作习惯的工作区布局，如图1-75所示为基本功能的工作区布局，用户可根据需要随时调整布局，如：单击"展开面板"按钮可将面板展开，如果没有足够的空间，可再次单击按钮"折叠为图标"。

### 3. 创建文档

#### (1) 创建文档

用户可通过自定义的配置文件或模板来创建新的 Illustrator 文档。

通过新建文档配置文件创建文档时，可以创建一个空白的文档。通过模板创建文档时，创建的文档包含用于特定文档（如：宣传册或CD封面）的预设设置以及内容。

① 通过新建文档配置文件创建文档。启动 Adobe Illustrator CS5，选择菜单栏"文件/新建"命令（或按快捷键 Ctrl＋N），弹出"新建文档"对话框，如图1-76所示，在对话框中输入用户自定义的参数即可。

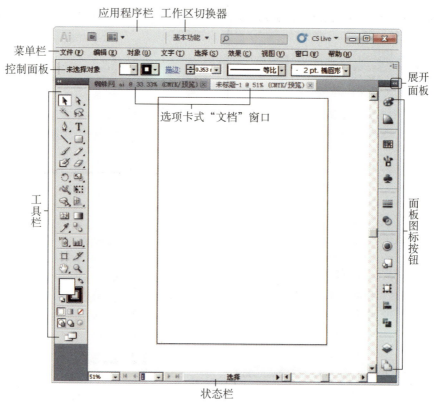

图 1-75　Illustrator CS5 初始界面

图 1-76　新建文档对话框

② 通过模板创建文档。选择菜单栏"文件/从模板新建"命令，弹出"从模板新建"对话框后，选择所需的模板打开，如图 1-77 所示。

### 4. 存储文档

在使用 Illustrator CS5 设计图稿、新建文档或修改图稿时，需养成立刻保存文件的良好习惯，以免因突然停电、死机等意外因素造成损失。

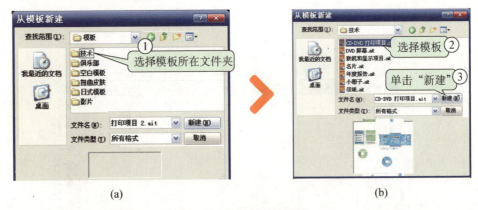

图 1-77　从模板新建文档

储存方式常用有存储、存储为、存储副本三种。

选择菜单栏"文件/存储"(或"存储为"、"存储副本")命令,弹出"存储为"对话框,再选择存储文件的位置,并输入文件名和选择文件类型"Illustrator(*.AI)",单击"保存"后,弹出"Illustrator 选项"对话框,设置所需选项,然后单击"确定",如图 1-78 所示。

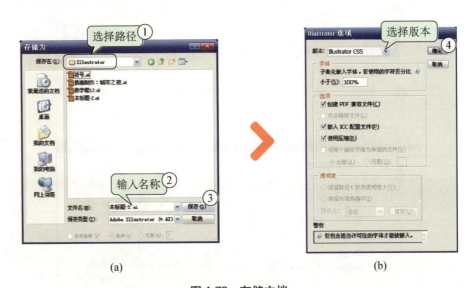

图 1-78　存储文档

> **提示**
>
> 旧版本的软件不支持当前版本 Illustrator 中的所有功能。如需要使用旧版本打开新版本设计的文档,需在"Illustrator 选项"对话框"版本"下拉列表中选择兼容的 Illustrator 版本,或选择更低的版本保存。如果选择了当前版本以外的版本时,某些存储选项将不可用,或部分数据会变更。"Illustrator 选项"对话框其他参数在一般情况下使用默认设置。

### 5. 置入文件

在 Illustrator CS5 中可以置入几乎所有常用的图像文件格式。置入图像的方法是选择菜单栏"文件/置入"命令,弹出"置入"对话框,选择图片路径,单击"置入"按钮即可。

将图片置入到文档后,单击"控制面板"中的"嵌入"按钮,这样,即使图片的"链接"中断,也不会影响该文档的操作了,此时可中断图片的"链接"。

## 二、常用工具图解介绍

### 1. 工具栏简要介绍

Illustrator 工具栏,即是一组绘制和编辑工具,可用来绘制和修改路径。用户使用这些工具绘制路径,并可自由复制和粘贴这些路径,工具的分类如图 1-79 所示。

### 2. 常用选择工具

Illustrator 的常用选择工具如表 1-1 所示:

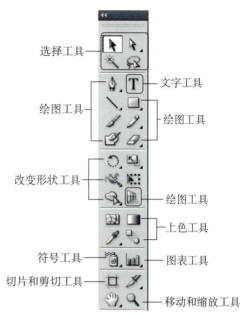

图 1-79　工具栏

表 1-1　选择工具命令简介

| 名称 | 图标 | 快捷键 | 概述 | 图解 |
| --- | --- | --- | --- | --- |
| 选择工具 | ▶ | V | 选择整个对象。要对选区添加或删除对象,按住 Shift 键并单击,或是按住 Shift 键并拖放鼠标,圈住要添加或删除的对象 | |
| 直接选择工具 | ▷ | A | 选择对象内的点或路径段。通过单击单个锚点或路径段以将其选定;或通过选择项目上的任何其他点来选择整个路径或组。按住 Shift 键依次单击可选择多个路径段或多个锚点 | |

续表

| 名　称 | 图标 | 快捷键 | 概　述 | 图　解 |
|---|---|---|---|---|
| 编组选择工具 | | 无 | 在不拆分编组的情况下选择组内的对象 | 单击选取组内对象 |

### 3. 常用绘图基本工具

在 Illustrator 的工具栏中，提供了多个绘制基本图形的工具，如：矩形工具、圆角矩形工具、椭圆工具等，利用这些工具可以绘制出比较简单的图形。表 1-2 展示了基础绘图工具的名称和绘图效果，可以整体了解基础绘图工具的功能和快捷键。

表 1-2　绘图工具命令简介

| 名　称 | 图标 | 快捷键 | 概　述 | 绘图效果 |
|---|---|---|---|---|
| 直线段工具 | | \ | 绘制直线段 | |
| 矩形工具 | | M | 用于绘制方形和矩形 | |

续　表

| 名　称 | 图　标 | 快捷键 | 概　述 | 绘图效果 |
|---|---|---|---|---|
| 螺旋线工具 | | 无 | 用于绘制顺时针和逆时针螺旋线 | |
| 矩形网格工具 | | 无 | 用于绘制矩形网格 | |
| 椭圆工具 | | L | 用于绘制椭圆,按住 Shift 键可绘制圆形 | |
| 多边形工具 | | 无 | 用于绘制规则的多边形 | |
| 星形工具 | | 无 | 用于绘制星形 | |

### 三、常用基本绘图工具相关命令操作

基本绘图工具有两种方式绘制图形：①动态绘制：选取某工具后，在绘图区所需的位置上按下鼠标左键再拖拽出图形所需的大小，然后松开鼠标左键；②设置参数绘制：选取某工具后，接着在绘图区上单击，弹出该工具的对话框后，设置参数，然后单击"确定"便可。

#### 1. 直线段工具

直线段工具是在一次只绘制一条直线段时使用。单击工具栏的"直线段工具"按钮 ╲ （或输入快捷键\），激活直线段工具后绘制直线：①动态绘制直线，如图1-80所示；②设置参数绘制直线，如图1-81示。

图1-80 动态绘制直线

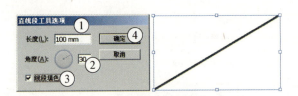

图1-81 设置参数绘制直线

#### 2. 椭圆工具

椭圆工具用于绘制椭圆和圆形。

单击工具栏的"椭圆工具"按钮 ◯ （或按快捷键L），激活椭圆工具后绘制椭圆：①动态绘制椭圆，如图1-82所示；②设置参数绘制椭圆，如图1-83示。

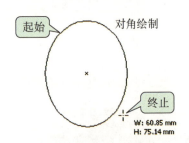

图1-82 动态绘制椭圆

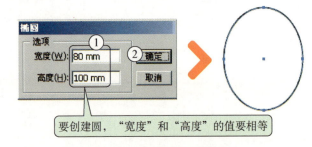

图1-83 设置参数绘制椭圆

按住Alt键可从中心点绘制椭圆，如图1-84(a)所示；按住Alt+Shift键可从中心点绘制圆形，如图1-84(b)所示。

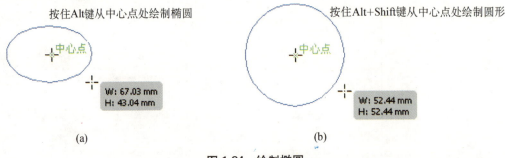

图1-84 绘制椭圆

**3. 矩形与圆角矩形工具**

（1）矩形工具

单击工具栏的"矩形工具"按钮 ▭（或按快捷键 M），激活矩形工具后绘制矩形：①动态绘制矩形，自由拖拽如图 1-85(a)所示；②按住 Shift 键拖拽绘制正方形，如图 1-85(b)所示；③设置参数绘制矩形，如图 1-85(c)所示。

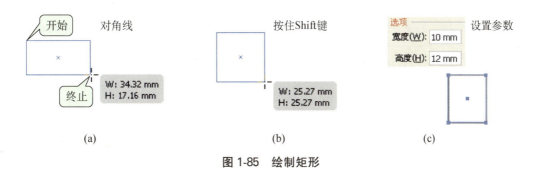

图 1-85　绘制矩形

（2）圆角矩形工具

单击并长按工具栏的"矩形工具"按钮 ▭，弹出多个命令后，选择"圆角矩形"按钮 ▭，松开鼠标，激活圆角矩形后，可绘制圆角矩形。圆角矩形与矩形的绘制相似，不同的是可指定圆角半径，决定矩形圆角的圆度。系统有一个默认的圆角半径值，用户可以在绘制各个矩形时更改圆角半径，如图 1-86 所示。

图 1-86　绘制圆角矩形

> **提示**
>
> 用户也可以修改默认的圆角半径值，选择菜单栏"编辑/首选项/常规"，弹出首选项对话框，在圆角半径输入一个新的默认值，然后单击"确定"即可。

绘制圆角矩形时按住不同的箭头，可绘制不同效果的圆角矩形：按向左箭头键，拖动时创建方形圆角；按向右箭头键，拖动时创建最圆的圆角；按向上箭头键或向下箭头键可调整圆度，当圆角达到所需圆度时，松开箭头键，如图 1-87 所示。

**4. 多边形工具与星形工具**

绘制星形的方法和绘制多边形的方法相同，都是从中心绘制图形，在绘图区单击并拖动

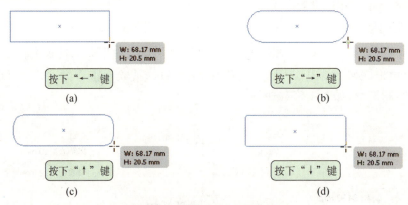

图 1-87　按方向键调整圆角圆度

鼠标，拖动达到所需大小，在不松开鼠标的状态下，每按下↑方向键一次，多边形增加一个边，星形则增加一个角；按下↓方向键，刚好相反，多边形减少一个边，星形减少一个角，如图1-88所示操作。

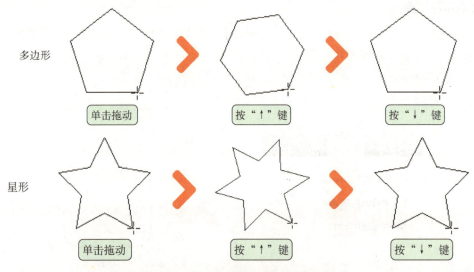

图 1-88　按方向键绘制多边形与星形

> **提示**
> 
> 多边形工具的边数最少为 3 边，星形工具的角点数最少也为 3 个角，当星形设置为 3 个角时，和 3 条边的多边形一样，同为三角形。

### (1) 多边形工具

单击并长按工具栏的"矩形工具"按钮 ▭ ，弹出多个命令后，选择"多边形工具"按钮 ⬢ ，松开鼠标，激活多边形工具后绘制多边形：①动态绘制多边形，如图 1-89 所示；②设置参数绘制多边形，如图 1-90 所示。

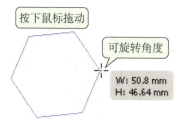

图 1-89 动态绘制多边形

图 1-90 设置参数绘制多边形

### (2) 星形工具

单击并长按工具栏的"矩形工具"按钮 ▢，弹出多个命令后，选择"星形工具"按钮 ☆，松开鼠标，激活星形工具后绘制星形：①动态绘制星形，如图 1-91 所示；②设置参数绘制星形，"半径 1"是指定从星形中心到星形最外顶点的距离；"半径 2"是指定从星形中心到星形最内顶点的距离；"角点数"是指定希望星形具有的点数，如图 1-92 所示。

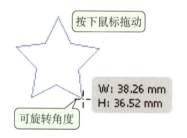

图 1-91 动态绘制星形

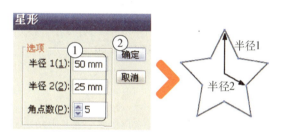

图 1-92 设置参数绘制星形

### 5. 螺旋线工具

单击并长按工具栏的"直线段工具"按钮 ╲，弹出多个命令按钮后，选择"螺旋线工具"按钮 ◉，松开鼠标，激活螺旋线工具后绘制螺旋线：①动态绘制螺旋线，如图 1-93 所示；②设置参数绘制螺旋线，如图 1-94 所示。

图 1-93 动态绘制螺旋线　　　　图 1-94 设置参数绘制螺旋线

在"螺旋线"对话框中各选项的作用如下：

① 半径：指定从螺旋线的中心点到螺旋线终点的距离。该选项的参数值越大，螺旋线越大，如图 1-95 所示。

② 衰减：用于指定螺旋线内部线条之间的密度。此参数值越大，螺旋线内部线条之间的密度越大，反之越稀松；按下 Ctrl 键的同时拖动鼠标，可以调整螺旋线的衰减，如图 1-96 所示。

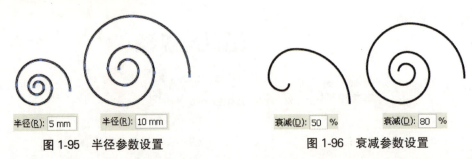

图 1-95　半径参数设置　　　　　图 1-96　衰减参数设置

③ 段数：设置螺旋线的段数来间接得到螺旋线的螺旋圈数。数值越大时，螺旋线的圈数越多，在按下鼠标左键的状态下，按下"↓"键或"↑"键可以减少或增加螺旋线的段数，如图 1-97 所示。

④ 样式：指定螺旋线方向，按下"R"键可以调整螺旋线旋转的方向，如图 1-98 所示。

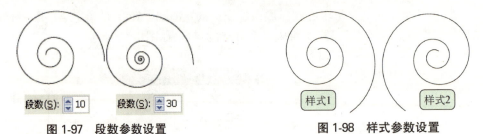

图 1-97　段数参数设置　　　　　图 1-98　样式参数设置

### 6. 矩形网格工具

单击并长按工具栏的"直线段工具"按钮 ，弹出多个命令按钮后，选择"矩形网格工具"按钮 ，松开鼠标，激活矩形网格工具后绘制矩形网格：①动态绘制矩形网格，如图 1-99 所示；②设置参数绘制矩形网格，如图 1-100 所示。

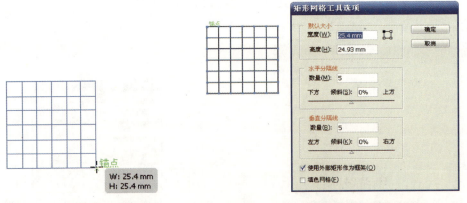

图 1-99　动态绘制矩形网格　　　　图 1-100　设置参数绘制矩形网格

> **提示**
> 按下↓键使水平分隔线的数量减少，按下↑键使水平分隔线的数量增加，按下 F 键或 V 键可以调整水平分隔线的倾斜度。按下←键使垂直分隔线的数量减少，按下→键使垂直分隔线的数量增加，按下 X 键或 C 键可以设置垂直分隔线的倾斜度。

项目一 基本图形的绘制

## "矩形网格"的使用

**步骤1** 新建文档,使用"矩形网格工具",在绘图区上单击,弹出"矩形网格工具选项"对话框,如图1-101所示进行设置。

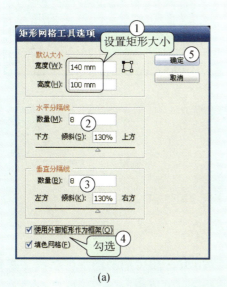
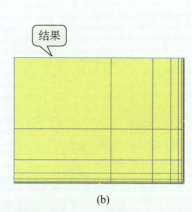

(a)　　　　　　　　　　　　　　　　　(b)

图1-101　设置"矩形网格工具选项"

**步骤2** 矩形网格在选中状态下,选择菜单栏"对象/取消编组"命令。

**步骤3** 单击工具栏"选择工具",选择如图1-102所示的四条直线。

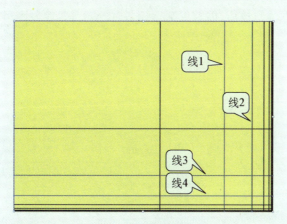

提示:选择线1后,按住Shift键选择其余3条直线。

图1-102　选择直线

**步骤4** 选择菜单栏"窗口/描边"命令或单击界面右边面板的"描边"按钮,弹出"描边"面板后,勾选"虚线"复选框,结果如图1-103所示。

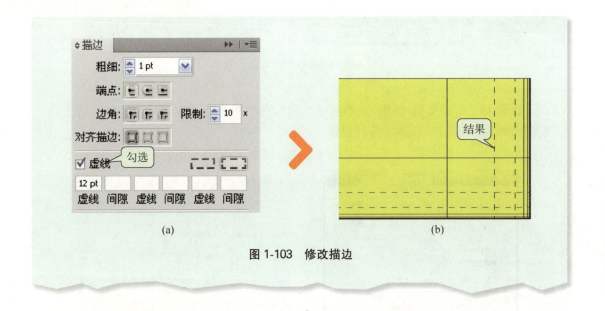

图 1-103　修改描边

## 小　结

本项目主要是带领读者初识 Illustrator CS5,并介绍了简易图形的绘制方法和流程,学习了本项目后,应掌握以下主要内容:

1. 了解矢量图与位图的区别。
2. 掌握 Illustrator CS5 工作界面的基本操作方法。
3. 熟练使用创建、存储与置入文档的方法。
4. 熟悉工具栏的各种基本绘图工具。
5. 掌握基本绘图工具的使用方法与技巧,能够灵活运用各种绘图工具绘制图形。

# 项目二　路径的绘制与编辑

在 Illustrator 中，使用"钢笔工具"与"铅笔工具"绘制图形时产生的线条被称为路径。路径由一个或多个直线段或曲线段组成。线段的起始点和结束点由锚点来标记，作用类似于固定线的针。通过编辑路径的锚点，可以改变路径的形状，从而也就能改变矢量图的形状；还可以通过拖动锚点的方向控制手柄来控制曲线的方向和弯曲程度。

『本项目学习目标』
- 掌握铅笔工具的使用方法
- 掌握钢笔工具的使用方法
- 掌握平滑工具的使用方法
- 掌握路径编辑的多种方法与技巧

『本项目相关资源』

| | 素材文件 | 资源包中"项目二\素材"文件夹 |
|---|---|---|
| 资源包 | 结果文件 | 资源包中"项目二\结果文件"文件夹 |
| | 录像文件 | 资源包中"项目二\录像文件"文件夹 |

## 任务一　绘制苹果标志

本任务将通过苹果标志的绘制，学习钢笔工具、铅笔工具绘制路径的方法与使用技巧。最终效果如图 2-1 所示。

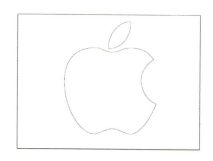

图 2-1　苹果标志

 操作步骤

**步骤 1**　新建文件。选择菜单栏"文件/新建"命令（或按快捷键 Ctrl＋N），弹出"新建文档"对话框，名称输入"苹果"，选择 A4 纸大小，如图 2-2 所示。

**步骤 2**　单击工具栏中的"钢笔工具"按钮 ![pen]（或按快捷键 P），单击画板空白位置，同时按住鼠标左键拖动即可在创建锚点 1 的同时，拖出该锚点的方向线和控制手柄；同理，在下方创建锚点 2，最后单击锚点 1 形成闭合曲线 1，如图 2-3 所示。

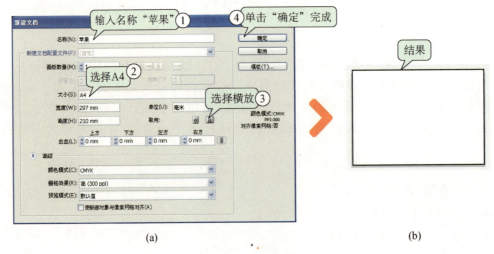

图 2-2 新建文档

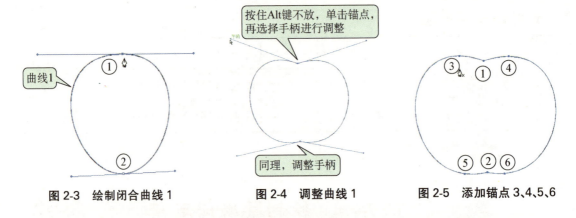

图 2-3 绘制闭合曲线 1　　图 2-4 调整曲线 1　　图 2-5 添加锚点 3、4、5、6

步骤 3　使用"直接选择工具"调整锚点位置和控制手柄,如图 2-4 所示。

步骤 4　按快捷键 P,激活"钢笔工具",单击曲线 1 添加锚点 3、4、5、6,如图 2-5 所示。

步骤 5　与步骤 3 同理,使用"直接选择工具"调整锚点和控制手柄,如图 2-6 所示。

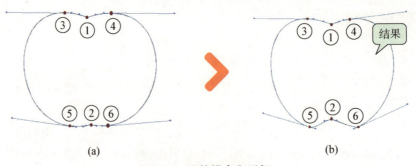

图 2-6 调整锚点和手柄

步骤 6  按快捷键 P,激活"钢笔工具",单击曲线 1 添加锚点 7、8,如图 2-7 所示。

步骤 7  与步骤 3 同理,使用"直接选择工具",调整锚点和控制手柄,如图 2-8 所示。

步骤 8  使用"直接选择工具",单击曲线 1 的锚点 2,再单击控制面板"转换"中的"将所选的锚点转换为平滑"按钮 ,如图 2-9 所示。

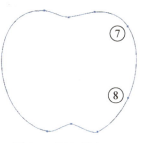

图 2-7  添加锚点 7、8

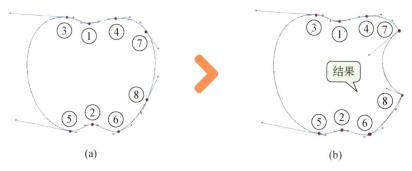

图 2-8  调整锚点和手柄

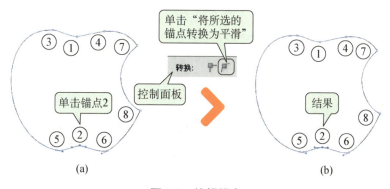

图 2-9  编辑锚点

步骤 9  与步骤 2 同理,使用"钢笔工具",在空白位置创建曲线 2,如图 2-10 所示。

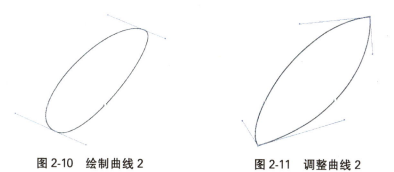

图 2-10  绘制曲线 2      图 2-11  调整曲线 2

步骤 10  与步骤 3 同理,使用"直接选择工具"调整锚点和控制手柄,如图 2-11 所示。

步骤 11　使用"选择工具",分别选取曲线 1、2,移动到合适的位置,结果如图 2-12 所示。

图 2-12　调整曲线 1、2 位置

## 任务二　绘制农场的白云

本任务通过绘制农场的白云,学习运用钢笔工具、转换锚点工具、删除锚点工具绘制和编辑图形。最终效果如图 2-13 所示。

图 2-13　农场的白云

 操作步骤

步骤 1　新建文档。单击"文件/新建"命令,在"新建文档"对话框中输入名称为"农场",宽度为 361 mm,高度为 213 mm,"取向"选择"横向",然后单击"确定",如图 2-14 所示。

步骤 2　导入图片。选择菜单栏"文件/置入"命令,系统弹出"置入"对话框,找出资源包中的素材"农场背景.jpg",然后单击"置入",如图 2-15 所示。

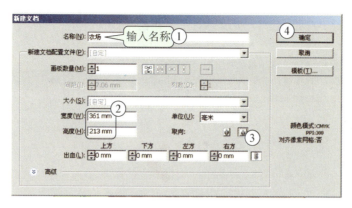

图 2-14　新建文档

图 2-15　导入图片

**步骤 3**　嵌入图片。农场背景在选中状态下时，单击控制面板的"嵌入"按钮 嵌入 ，结果如图 2-16 所示。

图 2-16　嵌入图片

**步骤 4**　锁定图片。农场背景在选取状态下时，选择菜单栏"对象/锁定/所选对象"命令（解锁时选择菜单栏"对象/全部解锁"命令即可）。

步骤5 绘制白云1。设置填充色为白色，描边色为无，再单击工具栏的"钢笔工具"按钮（或按快捷键P），如图2-17所示绘制白云路径。

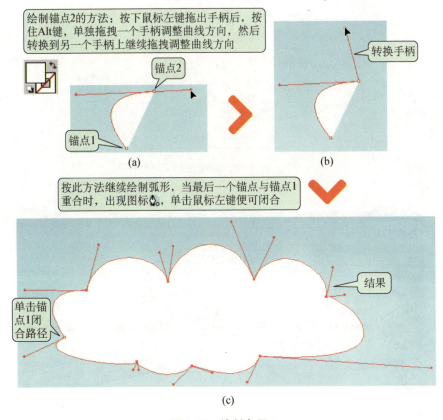

图2-17 绘制白云1

步骤6 创建白云2。

（1）单击工具栏的"选择工具"按钮（或按快捷键V），再按下Shift+Alt键选取已绘制的白云1，然后拖拽复制到合适位置，创建白云2，如图2-18所示。

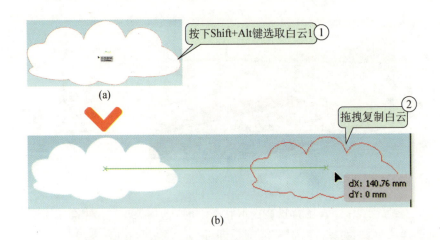

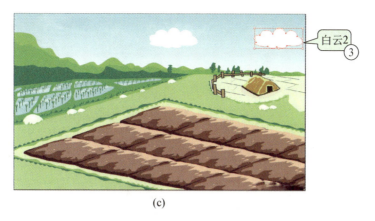

(c)

图 2-18 复制白云

(2) 选中白云 2，长按工具栏的"钢笔工具"，弹出下拉选项后，选取 **删除锚点工具 (-)** 命令，然后如图 2-19 所示进行操作。

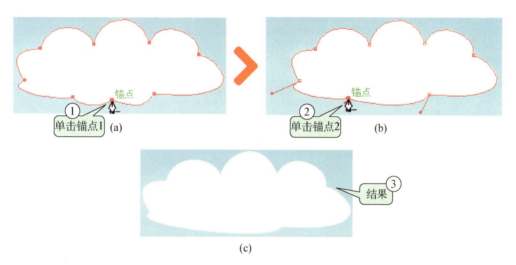

图 2-19 删除白云 2 的锚点

(3) 使用"选择工具"选取白云 2，再将光标移至顶部中间锚点处，当光标显示为图标 时，按下鼠标左键，向下拖拽压缩图形，然后再调整其在图中的位置，如图 2-20 所示。

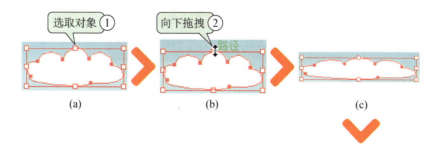

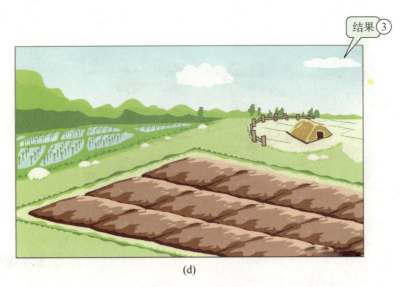

图 2-20 压缩白云 2

步骤 7　创建白云 3。

（1）使用工具栏中的"选择工具"，再按下 Shift＋Alt 键选取已绘制的白云 2，然后拖拽复制到合适位置，得到白云 3，如图 2-21 所示。

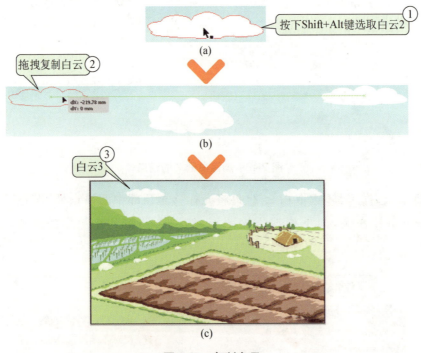

图 2-21 复制白云

（2）使用"选择工具"选取白云 3，再将光标移至左边的中间锚点处，当光标显示为 ↔ 图标时，按下鼠标左键，向左拖拽拉长白云 3，使用同样方法向下压缩白云 3，如图 2-22 所示。

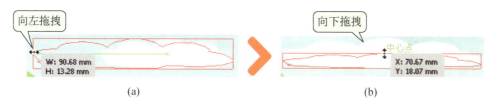

图 2-22　调整白云 3

**步骤 8**　最后选择菜单栏"文件/存储"命令保存文件,结果如图 2-23 所示。

图 2-23　结果图

## 任务三　绘制防盗狗

本任务通过绘制农场的防盗狗,加强使用钢笔工具、转换锚点工具绘制图形的练习。最终效果如图 2-24 所示。

图 2-24　农场的防盗狗

操作步骤

步骤1　新建文档，名称为"农场防盗狗"，其他参数为默认，如图2-25所示。

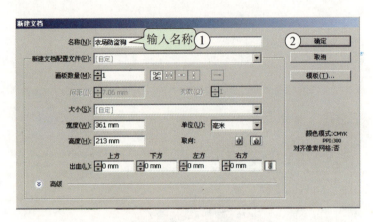

图2-25　新建文档

步骤2　设置填充色为白色，描边色为黑色，描边粗细为2，再使用"钢笔工具"绘制如图2-26所示狗的整体路径。

> **提示**
>
> 在使用"钢笔工具"还不熟练的情况下，可"置入"资源包素材中的"农场防盗狗.jpg"文件，沿着轮廓线绘制路径（资源包中的录像操作使用的就是此方法）。

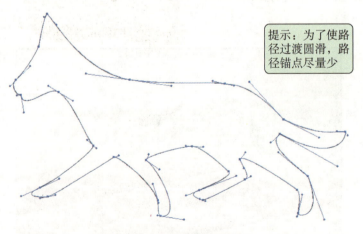

图2-26　绘制狗的整体路径

> **提示**
>
> 绘制路径完成后,需进行锚点调整时,可单击工具栏中的"直接选取工具"按钮 ,在锚点处单击,根据所需在控制面板中选择命令调整手柄,如图 2-27 所示;按键盘"＋",光标显示为"添加锚点工具"图标 ,可在路径上添加锚点;按键盘"—",光标显示为"删除锚点工具"图标 ,可在路径上删除锚点。

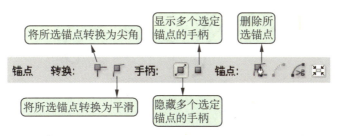

图 2-27 锚点调整命令

步骤3  设置填充色为黑色,描边色为无,再单击工具栏的"钢笔工具"按钮 (或按快捷键"P"),绘制如图 2-28 所示狗的背部路径。

图 2-28 绘制背部路径

步骤4  设置填充色为白色,描边色为黑色,描边粗细为2,再使用"钢笔工具",绘制如图 2-29 所示狗的臀部路径。

步骤5  绘制眼睛。设置填充色为黑色,描边色为无,再单击工具栏的"椭圆工具"按钮 (或按快捷键L),在绘图区放置狗眼的位置单击,系统弹出椭圆对话框后,输入如图 2-30 所示参数。

步骤6  绘制阴影。

(1) 设置填充色为灰色,描边色为无,再使用"钢笔工具",绘制如图 2-31 所示阴影。选中阴影,将其拖至狗的下方。

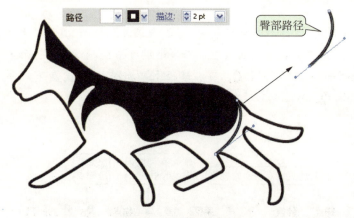

图 2-29 绘制臀部路径

图 2-30 绘制眼睛

图 2-31 绘制阴影

(2)选中阴影,选择菜单栏"对象/排列/置于底层"命令,结果如图 2-32 所示。

图 2-32　重新排列对象

步骤 7　使用"选择工具"框选所有对象,选择菜单栏"对象/编组"命令,如图 2-33 所示。

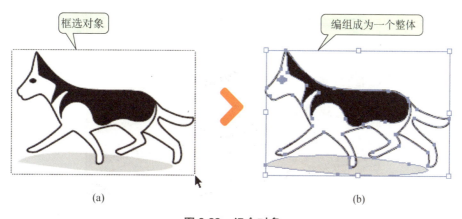

图 2-33　组合对象

步骤 8　选中防盗狗,选择菜单栏"编辑/复制"命令(或使用快捷键 Ctrl+C),复制防盗狗。

步骤 9　选择菜单栏"文件/打开"命令,打开素材文件"农场白云",如图 2-34 所示。

图 2-34　打开背景图

步骤 10　在农场白云的文件中,选择菜单栏"编辑/粘贴到前面"命令(或按快捷键 Ctrl+F),把防盗狗粘贴到画板中,如图 2-35 所示。

图 2-35　粘贴防盗狗

步骤 11　使用"选择工具",将防盗狗拖至合适位置,结果如图 2-36 所示。

图 2-36　结果图

步骤 12　选择菜单栏"文件/存储为"命令,系统弹出"存储为"对话框,输入文件名为 "农场",如图 2-37 所示。

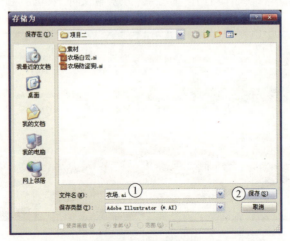

图 2-37　保存文件

# 项目二 路径的绘制与编辑

## 相关知识与技能

### 一、路径工具图解

用于绘制与编辑路径的工具图解如表 2-1 所示：

表 2-1 路径工具命令简介

| 名称 | 图标 | 快捷键 | 简介 | 图解 |
|---|---|---|---|---|
| 钢笔工具 | | P | 绘制直线和曲线路径 | |
| 添加锚点工具 | | + | 将锚点添加到路径 | |
| 删除锚点工具 | | - | 从路径中删除锚点 | |
| 转换锚点工具 | | Shift+C | 将平滑点与角点互相转换 | |
| 铅笔工具 | | N | 用于绘制和编辑自由线段 | |

续 表

| 名　称 | 图标 | 快捷键 | 简　介 | 图　解 |
|---|---|---|---|---|
| 平滑工具 |  | 无 | 用于平滑处理贝塞尔路径 |   |
| 路径橡皮擦工具 |  | 无 | 用于从对象中擦除路径和锚点 | 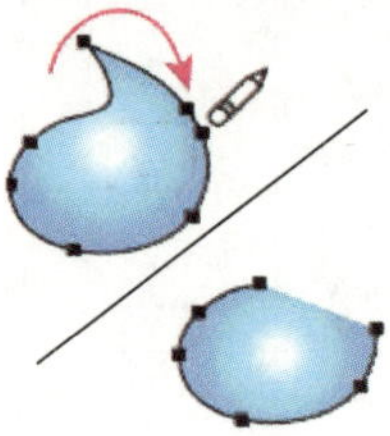  |

## 二、路径绘制工具的使用

### 1. 钢笔工具

可用于绘制直线、贝赛尔曲线、直线与贝赛尔曲线的混合路径，以及各式各样的复杂路径。

> **提示**
>
> 使用尽可能少的锚点拖动曲线，可更容易编辑曲线并且系统可更快速显示和打印它们，如使用过多锚点会在曲线中造成不必要的凸起。

单击工具栏中的"钢笔工具"按钮 （或按快捷键 P），鼠标光标显示为 （即钢笔工具已被激活）。

闭合路径：将钢笔工具定位在第一个（空心）锚点上，钢笔工具光标旁出现一个小圆圈即 图标，单击或拖动可闭合路径。

以下将详细介绍绘制不同路径的方法。

（1）绘制直线段路径

直线段路径是最简单的路径。

激活钢笔路径后，通过单击创建两个锚点可绘制直线，继续单击可创建由锚点连接的直线段组成的路径（即为折线），如图 2-38 所示。

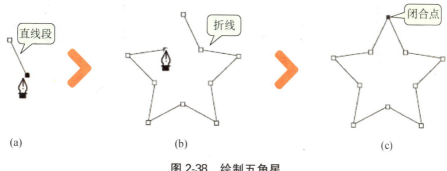

图 2-38 绘制五角星

### （2）绘制曲线路径

"钢笔工具"在绘制曲线时，通过单击并拖拽方式，可拖拽出锚点的方向线，方向线的长度和斜度决定了曲线的形状。

方向线的端点是控制方向线的手柄，拖拽控制手柄可调整方向线的长度和斜度，从而改变曲线的形状，如图 2-39 所示。

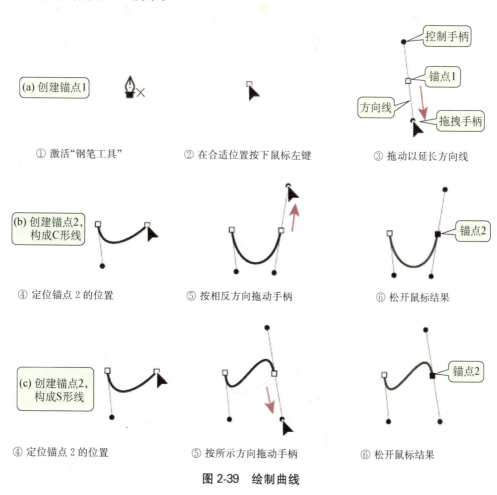

图 2-39 绘制曲线

### （3）绘制直线与曲线混合路径

绘制直线到曲线的混合路径，如图 2-40 所示进行操作。

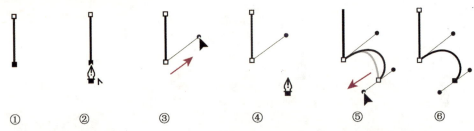

步骤：① 绘制直线段。　　　　　　　② 将钢笔工具定位到锚点上直至出现转换点图标为止。
　　　③ 按下鼠标左键拖动手柄。　　④ 定位锚点 3 的位置。
　　　⑤ 按下鼠标左键拖动手柄。　　⑥ 绘制结果。

图 2-40　绘制直线到曲线的路径

绘制曲线到直线的混合路径，如图 2-41 所示进行操作。

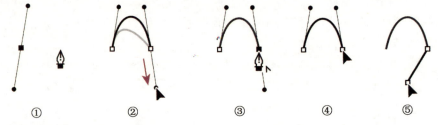

步骤：① 绘制曲线的第一个平滑点。　　　② 定位锚点 2 并拖动手柄。
　　　③ 将钢笔工具定位到锚点上直至出现转换点图标为止。
　　　④ 单击锚点 2，该锚点减少一条方向线。　　⑤ 单击下一个角点。

图 2-41　绘制曲线到直线的路径

(4) 绘制由角点连接的曲线路径

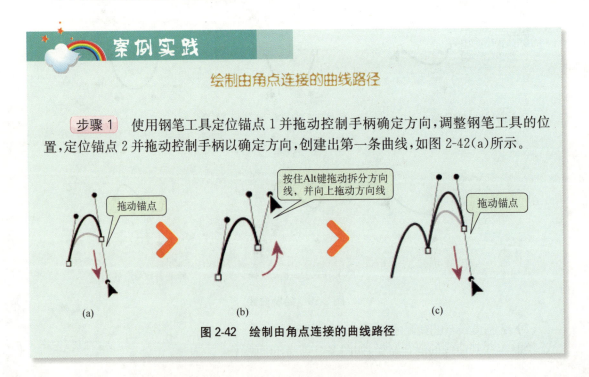

**步骤 1**　使用钢笔工具定位锚点 1 并拖动控制手柄确定方向，调整钢笔工具的位置，定位锚点 2 并拖动控制手柄以确定方向，创建出第一条曲线，如图 2-42(a)所示。

图 2-42　绘制由角点连接的曲线路径

步骤2 按住Alt键并将锚点2的方向线向其相反一端拖动,以方便设置下一条曲线的斜度,松开Alt键和鼠标,如图2-42(b)所示。

步骤3 将钢笔工具的位置调整到所需的第二条曲线段的终点,定位锚点3并拖动出手柄和方向线完成第二条曲线段,如图2-42(c)所示。

步骤4 调整锚点3的位置及方向。

### 2. 铅笔工具

使用"铅笔工具"就像使用真正的铅笔在纸上自由地绘制开放路径和闭合路径,常用于勾画各种草图、快速素描效果或手绘外观的图稿,所绘的路径可根据需要进行修改。

在绘制图形过程中,不能对锚点进行控制,但绘制完成后,可以通过调整锚点来改变图形外观,锚点的数量由路径的长度、复杂程度与"铅笔工具选项"对话框中的容差设置来决定。

双击"铅笔工具"按钮 ,系统弹出"铅笔工具选项"对话框,如图2-43所示。

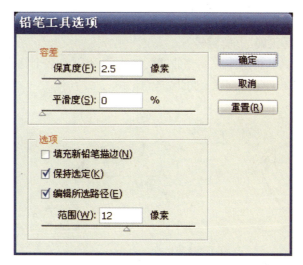

图2-43 "铅笔工具选项"对话框

对话框中各选项含义如下:
- 保真度:控制向路径添加新锚点前移动鼠标的最远距离,如保真度值为2.5,即移动小于2.5像素时不创建锚点。数值越大,路径越平滑,复杂度越小。
- 平滑度:控制平滑量,数值越大,路径越平滑,平滑度的值介于0%~100%之间。
- 填充新铅笔描边:勾选此复选框为绘制时要使用填色,需在绘制路径前先选择一个色块。
- 保持选定:勾选此复选框则是绘制完路径后仍使路径保持选定状态。

- 编辑所选路径：勾选此复选框可使用铅笔工具编辑现有路径。
- 范围：指定鼠标与现有路径必须达到多近距离，才能使用铅笔工具编辑路径。此选项仅在勾选了"编辑所选路径"选项时可以使用。

单击"铅笔工具"按钮 （或按快捷键 N），鼠标光标显示为 ，即铅笔工具已被激活。绘制开放路径如图 2-44(a)所示，绘制闭合路径如图 2-44(b)所示。

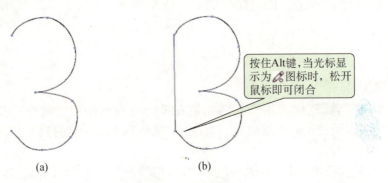

图 2-44　绘制路径

### 三、编辑路径

**1. 调整路径位置及形状**

通过移动路径上的锚点或锚点的控制手柄可以改变路径的形状。

**(1) 使用"直接选择工具"调整路径**

使用"直接选择工具"，可选中并调整曲线的一个路径段或某个锚点，如果锚点存在方向线，也可通过控制手柄来调整方向线，如图 2-45 所示。

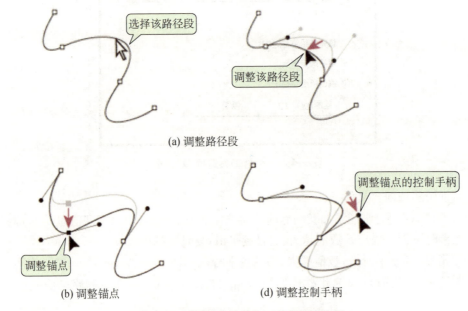

图 2-45　使用"直接选择工具"调整路径

项目二　路径的绘制与编辑

### 选择与移动锚点

打开资源包中的素材"项目二\素材\苹果标志.ai"文件后,如图2-46所示进行操作。

图2-46　移动锚点

**提示**

　　用户还可以使用键盘微调锚点或线段:选中锚点或路径段后,按下键盘上的任一方向键,可向箭头方向一次移动1个像素,在按下方向键的同时按住Shift键可一次移动10个像素。

### 调整控制手柄(方向线)

　　图2-46通过移动锚点改变了形状,接下来,如图2-47所示通过调整控制手柄继续调整曲线,使其最终变为一个完整的苹果。

图2-47　调整控制手柄

· 55 ·

(2) 使用"改变形状工具"调整路径

"改变形状工具"可调整所选择的锚点来改变路径的一部分,而不扭曲其整体形状。

### "改变形状工具"的使用

如图 2-48 所示,改变形状的具体操作如下:

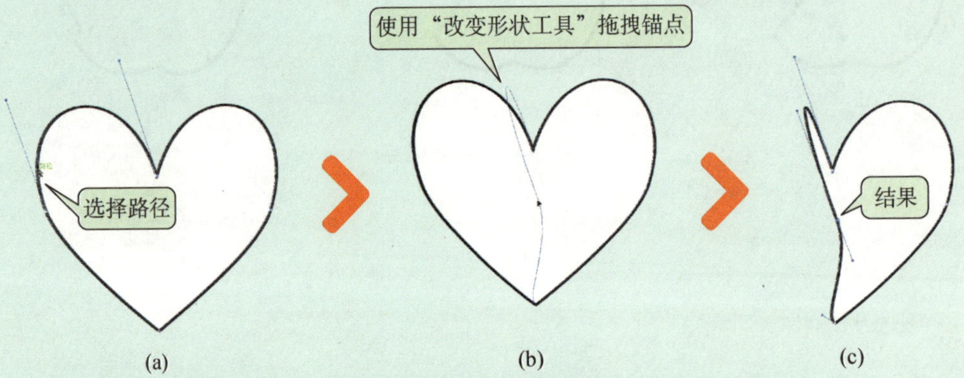

(a) 选择路径　　(b) 使用"改变形状工具"拖拽锚点　　(c) 结果

图 2-48　改变形状过程

**步骤 1**　单击工具栏的"直接选择工具"按钮 ，选择要改变的路径。

**步骤 2**　在工具栏的"比例缩放工具"按钮 处,按下鼠标左键不放,弹出相关工具选项时,选择 "改变形状工具"命令后,松开鼠标。

**步骤 3**　将光标定位在要作为焦点(即用于拉伸所选路径线段的点)的锚点或路径线段上方,然后单击拖拽(可按住 Shift 键单击更多锚点或路径线段作为焦点)。

### 2. 添加、删除与转换锚点

添加锚点可以增强对路径的控制,也可以扩展开放路径,但最好不要添加过多的点。点数较少的路径更易于编辑、显示和打印。可以通过删除不必要的点来降低路径的复杂性。

(1) 添加或删除锚点

① 使用"钢笔工具"添加或删除锚点。将钢笔工具定位到选定路径上方时,它会变成添加锚点工具;将钢笔工具定位到锚点上方时,它会变成删除锚点工具。

② 使用其他命令添加或删除锚点。选中路径后,单击工具栏中的"添加锚点工具"按钮可添加锚点。使用直接选择工具选择锚点后,单击控制面板中的"删除所选锚点"按钮 即可;或选择"删除锚点工具",单击锚点。

## 案例实践

### "添加锚点"的使用

打开资源包中的素材"项目二\素材\苹果.ai"文件后,进行如下操作。

使用"选择工具",选取要修改的路径,接着单击工具栏中的"钢笔工具"或"添加锚点工具"按钮,并将光标置于所需的路径段上,然后单击添加锚点,如图 2-49 所示。

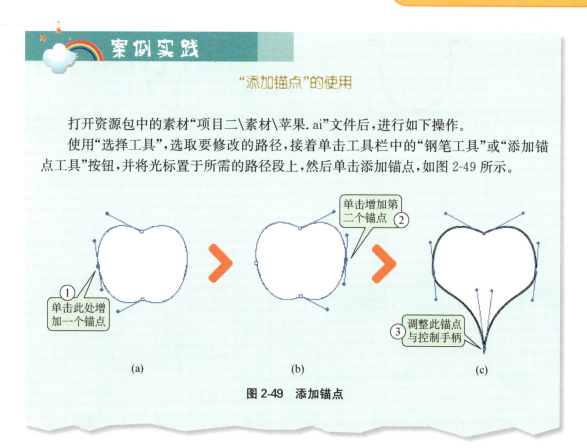

图 2-49 添加锚点

(2) 转换锚点

锚点分为平滑点和角点。平滑点连接后可以产生平滑的曲线,角点连接后可以生成直线和转角曲线。使用控制面板中的选项,可以快速相互转换平滑点和角点;使用转换锚点工具,可以选择仅转换锚点的一侧,并可以在转换锚点时精确地改变曲线。

单击工具栏"转换点工具"按钮 ∧ (或使用"钢笔工具"时按下 Alt 键),便可转换锚点手柄,如图 2-50 所示。

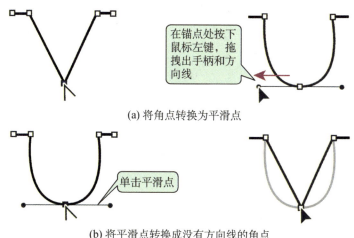

(a) 将角点转换为平滑点

(b) 将平滑点转换成没有方向线的角点

(c) 将平滑点转换成具有独立方向线的角点

图 2-50 转换锚点

### 3. 平滑与简化路径

绘制路径后，可以平滑路径外观，也可以通过删除多余的锚点简化路径。

**(1) 平滑工具**

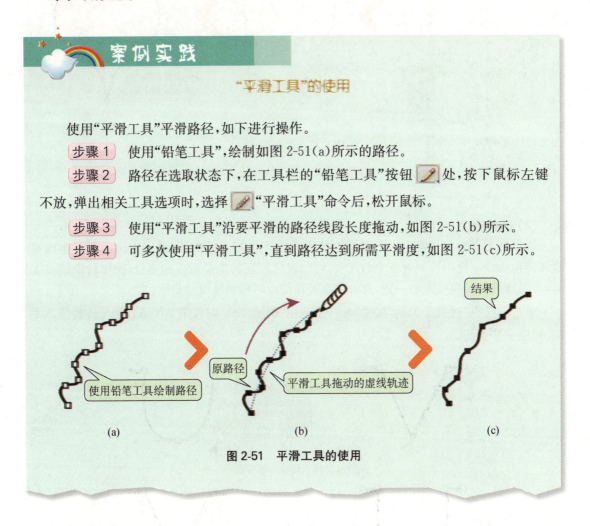

图 2-51 平滑工具的使用

**(2) 简化路径**

简化路径将删除多余的锚点而不改变路径形状。删除不需要的锚点可简化图稿，减小文件大小，使显示和打印速度更快。

使用"选择工具"选取路径对象，再选择菜单栏"对象/路径/简化"命令，系统弹出"简化"

对话框,如图 2-52 所示。

图 2-52　简化对话框

"简化"对话框的各个选项介绍如下:

曲线精度:控制简化路径与原始路径的接近程度。可输入 0%～100% 之间的值或拖动滑块设置值,百分比越高创建的点越多,越接近原始路径形状。如不设置"角度阈值"值,则除曲线端点和角点外的任何现有锚点将被忽略。

角度阈值:输入 0～180° 之间的值以控制角的平滑度。如果角点的角度小于角度阈值,将不更改该角点。如果"曲线精度"值低,该选项有助于保持角的锐利。

直线:在对象的原始锚点间创建直线。如果角点的角度大于"角度阈值"中设置的值,将删除角点。

### 4. 擦除、分割与连接路径

Illustrator CS5 编辑路径的功能非常强大,使用"路径橡皮擦工具"或"橡皮擦工具"可以擦除图稿的一部分;而使用"剪刀工具"或"美工刀工具"可以在任意锚点或任意线段分割路径;如果是开放路径还可以使用"钢笔工具"等连接路径。

#### (1) 擦除路径

"路径橡皮擦工具":选中路径后,在"铅笔工具"按钮 处,按下鼠标左键不放,弹出相关工具选项时,选择 "路径橡皮擦工具"命令后,松开鼠标,然后沿要抹除的路径段拖动此工具,如图 2-53 所示。

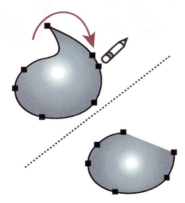

图 2-53　路径橡皮擦工具

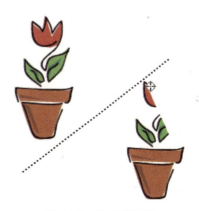

图 2-54　橡皮擦工具

"橡皮擦工具"：单击工具栏"橡皮擦工具"按钮 ![] (或使用快捷键 Shift＋E)，激活橡皮擦工具后，在要抹除的区域上拖动，如图 2-54 所示。

> **提示**
> 按住 Shift 键并拖动，可限制橡皮擦工具沿垂直、水平或对角线方向移动；按住 Alt 键并拖动，可拖出一个矩形选框并抹除该选框内的所有内容；按住 Alt＋Shift 组合键并拖动可将选框限制为方形。

（2）分割路径

可用在任意锚点上或沿任意线段分割路径。

● 将封闭路径分割为两个开放路径，必须在路径上的两个位置进行切分。如果只切分一次，则将获得一个有间隙的路径，如图 2-55 所示。

● 由分割操作生成的任何路径都继承原始路径的路径设置，如：描边粗细和填充颜色。描边对齐方式会自动重置为居中。

"剪刀工具"：在工具栏"橡皮擦工具"按钮 ![] 上按下鼠标左键不放，弹出相关选项时，选择 ![] "剪刀工具"命令，如图 2-55 所示操作。

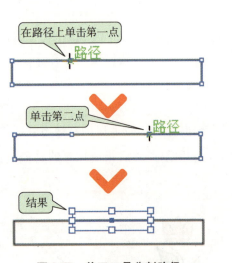

图 2-55 剪刀工具分割路径

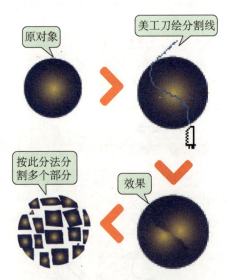

图 2-56 美工刀分割对象

"美工刀工具"：在工具栏"橡皮擦工具"按钮 ![] 上按下鼠标左键不放，弹出相关选项时，选择 ![] "美工刀工具"命令，如图 2-56 所示。

（3）连接路径

连接路径方法有多种，如：钢笔工具连接、两点连接等。

● 使用"钢笔工具"连接两条开放路径。

步骤 1　使用"钢笔工具"将光标定位到开放路径的一个端点上。当光标显示为 ![] 图标时,单击此端点。

步骤2　再将"钢笔工具"定位到另一个路径的端点上,光标显示为图标时,单击该端点即可闭合,如图 2-57 所示。

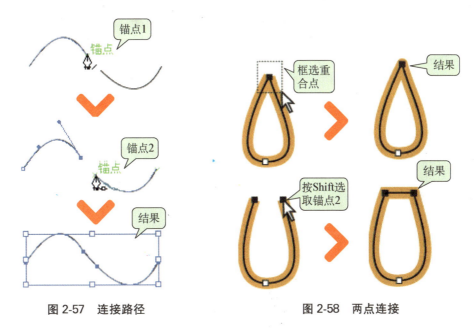

图 2-57　连接路径　　　　　　　　图 2-58　两点连接

● 连接两点。

使用"直接选择工具"选取或框选路径的两个连接点,再单击控制面板中的"连接所选终点"按钮 ,如图 2-58 所示。

● 连接两个或更多路径。

打开资源包中的素材"项目二\素材\路径连接.ai",使用"选择工具"框选所有路径,然后选择菜单栏"对象/路径/连接"命令,如图 2-59 所示。

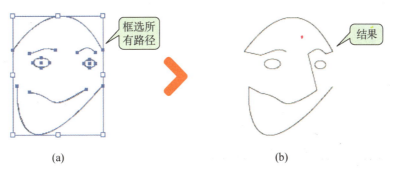

(a)　　　　　　　　　　　　　　　(b)

图 2-59　连接路径

## 5. 路径的偏移

"偏移路径"命令可以按指定的距离,沿着原有路径的内侧或外侧勾画一条新的路径。

使用"选择工具"选取要偏移的路径,再选择菜单栏的"对象/路径/偏移路径"命令,系统弹出对话框,设置参数并单击"确定"后,即可进行偏移路径,如图 2-60 所示。

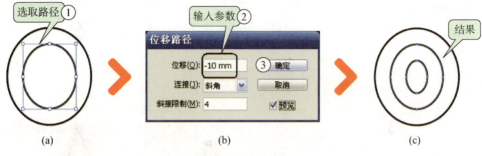

图 2-60 偏移路径

### 6. 复合路径与路径查找器的使用

为了简单、快捷地绘制复杂图形,AI 提供了"复合路径"命令和"路径查找器"面板,可结合两个或更多个简单的形状来创建复杂图形对象。

#### (1) 复合路径

复合路径由两个或两个以上的路径组成,在路径重叠处将被挖空呈现孔洞(镂空的透明状态),将对象建立为复合路径后,复合路径中的所有对象都将应用堆栈顺序中最后方对象的上色和样式属性。

● 创建复合路径。

使用"选择工具"选取所有的对象,接着选择菜单栏"对象/复合路径/建立"命令,即可建立"复合路径",如图 2-61 所示。

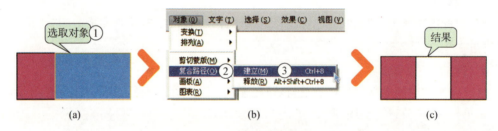

图 2-61 建立复合路径

● 将复合路径恢复为原始组件。

选择菜单栏"对象/复合路径/释放"命令,即可恢复为原始组件。

#### (2) 路径查找器

"路径查找器"面板可将许多简单的路径经过特定的运算后形成各种复杂的路径。选择菜单栏"窗口/路径查找器"命令,即可打开"路径查找器"面板,如图 2-62 所示。

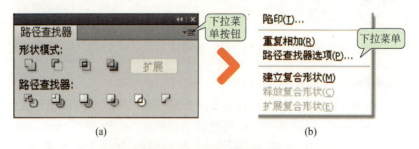

图 2-62 "路径查找器"面板

● "形状模式"选项内容如下：

相加(或联集)：将多个对象合并为一个对象。合并后的对象会采用原顶层对象的填充和描边属性，如图 2-63(a)所示。

相减(或减去顶层)：用下层的对象减去上层的对象。此选项可通过调整堆栈顺序来删除插图中的某些区域，如图 2-63(b)所示。

交集：保留被所有对象重叠的区域轮廓，如图 2-63(c)所示。

差集：保留所有对象都未重叠的区域，且重叠区域呈透明状态。若有偶数个对象重叠，则重叠处会变成透明；但若有奇数个对象重叠，重叠的地方则会填充颜色，如图 2-63(d)所示。

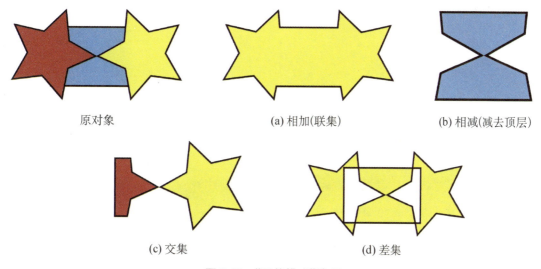

原对象　　　　　　　　(a) 相加(联集)　　　　　　　　(b) 相减(减去顶层)

(c) 交集　　　　　　　　　　(d) 差集

图 2-63 "形状模式"选项

● "路径查找器"选项介绍如下：

分割：将对象相互重叠的部分切割成各个独立的对象。

修边：删除已填充对象重叠的部分。删除所有描边，但不会合并相同颜色的对象。

合并：删除已填充对象重叠的部分。删除所有描边，且合并具有相同颜色的相邻或重叠的对象。

裁剪：删除图稿中所有超出最上层对象边界的部分，并将图稿分割为作为其构成成分的填充表面。此选项会删除所有描边。

轮廓：将对象分割为线段或边缘，并从相交部分分离创建独立的线段。需要对叠印对象进行陷印的图稿时，此命令非常有用。

减去后方对象：顶层对象中减去与下层对象重叠的部分。此选项可以通过调整堆栈顺序来删除插图中的某些区域。

## 小　结

　　本项目主要向读者全面介绍了 Illustrator CS5 运用钢笔工具、铅笔工具绘制路径的使用方法及两者间的区别，以及对路径进行编辑的使用技巧。在学习本项目后，应掌握以下主要内容：

　　1. 在使用"钢笔工具"时，要掌握最基本的绘制方法，如：绘制直线、曲线以及由直线和曲线组成的混合路径。

　　2. 掌握使用"铅笔工具"自由绘制开放路径和闭合路径的方法。

　　3. 熟练使用工具调整路径位置及形状，如：调整线段锚点和控制手柄。

　　4. 掌握添加、删除与转换锚点的使用方法。

　　5. 熟练使用工具擦除、分割与连接路径。

# 项目三　上色的类型与编辑

　　为方便用户给图形、图案上色，Illustrator CS5 提供了各种画笔，如：书法画笔、散点画笔、艺术画笔、图案画笔和毛刷画笔，用户还可以使用实时上色功能和形状生成器工具，给不同的路径段上色，并用不同的颜色、图案或渐变填充封闭路径。本项目介绍的渐变、混合、网格以及图案等等工具可以充分发挥用户的创造力。

『本项目学习目标』

- 了解 Illustrator CS5 有关颜色的基本概念
- 学习使用填色和描边工具为图形设置颜色
- 掌握与上色相关的面板以及对话框的使用
- 熟练使用网格工具快速地绘制出简单的图形
- 学会使用画笔为路径制作出各种风格的描边
- 熟练掌握对图形进行实时上色与编辑的技巧
- 掌握在实时上色组中添加路径的技巧

『本项目相关资源』

| | 素材文件 | 资源包"项目三\素材"文件夹 |
|---|---|---|
| 资源包 | 结果文件 | 资源包"项目三\结果文件"文件夹 |
| | 录像文件 | 资源包"项目三\录像文件"文件夹 |

## 任务一　绘制字体：卡通字体

　　本任务将通过绘制卡通字体，学习实时上色与描边的使用方法与技巧，并回顾铅笔工具的使用及编辑技巧，同时认识"内发光"与"投影"的特殊效果制作方法。最终效果如图 3-1 所示。

图 3-1　卡通字体

操作步骤

步骤1  打开素材文件。选择菜单栏"文件/打开"命令,弹出"打开"对话框,打开资源包下的"项目三\素材\卡通字素材.ai"文件,如图3-2所示。

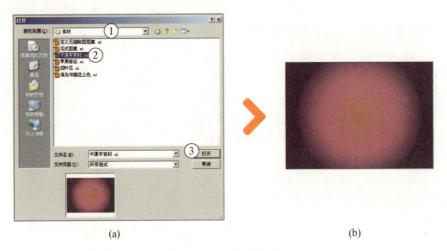

图3-2  打开素材文件

步骤2  选择菜单栏"窗口/图层"命令(或单击软件右边面板的"图层"按钮 ），弹出"图层"面板,仅显示字母H图形所在的H图层,如图3-3所示。

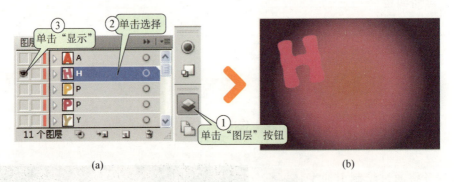

图3-3  显示字母H所在图层

步骤3  在字母H上绘制曲线。单击工具栏的"铅笔工具"按钮 （或按快捷键N）,激活"铅笔工具",再设置控制面板上的描边大小与颜色,然后在字母H图形上绘制曲线,如图3-4所示。

提示

使用"铅笔工具"绘制线段时,第一条线段与第二条线段不要首尾相接,即依次分别绘制线段,否则系统会将它们默认为一条线段。

项目三　上色的类型与编辑

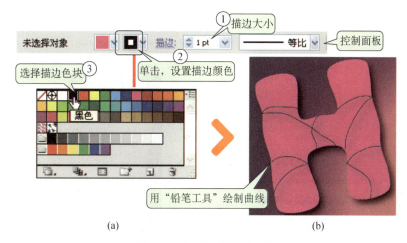

(a)　　　　　　　　　　　　　　(b)

图 3-4　使用铅笔绘制曲线

图 3-5　曲线编组

步骤 4　编组曲线，并取消描边填色。

(1) 使用"选择工具"选取绘制的所有曲线路径，再选择菜单栏"对象/编组"命令，将所有曲线编组，如图 3-5 所示。

(2) 所选曲线路径编组后，单击控制面板中的描边填色下拉按钮 ■▼，设置为无，如图 3-6 所示。

步骤 5　对字母 H 图形进行实时上色。

(1) 使用"选择工具"框选字母"H"和曲线路径，再选择菜单栏"对象/实时上色/建立"命令，如图 3-7 所示。

图 3-6　"描边填色"设置为"无"

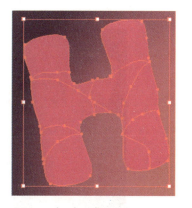

图 3-7　框选对象建立实时上色

(2) 单击并长按工具栏中的"形状生成器工具"按钮 ，弹出多个命令按钮，将光标拖至"实时上色工具"按钮 （或按快捷键 K），松开鼠标，即可激活实时上色工具，如图 3-8 所示。

(3) 单击界面右边的"颜色"按钮 ，弹出"颜色"面板，输入参数比例(或直接单击色谱条)设置颜色，再单击字母 H 的

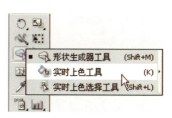

图 3-8　激活"实时上色工具"

· 67 ·

一个填充部位，如图 3-9 所示。

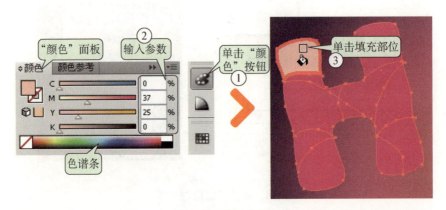

图 3-9　调用色板

（4）再在色谱条上单击选取其他颜色，然后在字母"H"图形中填充其他部位。重复操作填充其余部位，如图 3-10 所示。

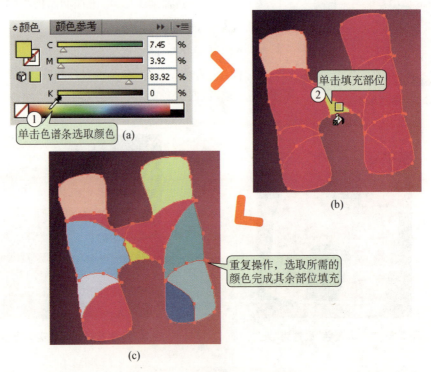

图 3-10　选取颜色填充其余部位

（5）使用"实时上色工具"着色，亦可单击界面右边的"颜色参考"按钮 （或按快捷键 Shift＋F3），弹出"颜色参考"面板，在面板左下角单击"色板库"按钮 ，接着选择"肤色"命令，再在色板中单击色块，然后在字母 H 中完成填充，如图 3-11 所示。

项目三　上色的类型与编辑

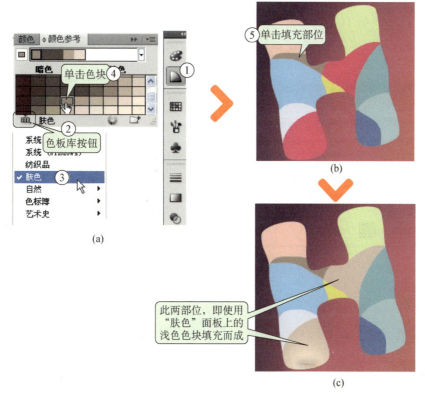

图 3-11　使用"颜色参考"填充颜色

> **提示**
> "颜色"和"颜色参考"两面板提供了很多颜色选择,"颜色"面板侧重用户的个性化选择与设置,"颜色参考"面板则是系统提供的颜色库,可节省用户调色时间。本例主要介绍实时上色命令,读者可从两面板中自主选择自己喜爱的颜色填充图形。

步骤 6　对字母 H 图形进行"内发光"设置。选择菜单栏"效果/风格化/内发光"命令,弹出"内发光"对话框,进行相应设置,最后单击"确定"完成命令,如图 3-12 所示。

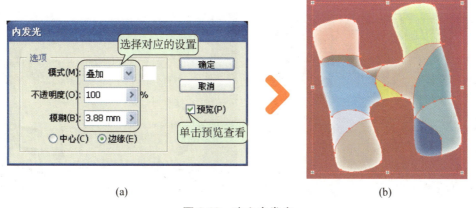

图 3-12　建立内发光

· 69 ·

步骤7 对字母H图形进行"投影"设置。使用"选择工具"选取H图形,再选择菜单栏"效果/风格化/投影"命令,弹出"投影"对话框进行设置,如图3-13所示。

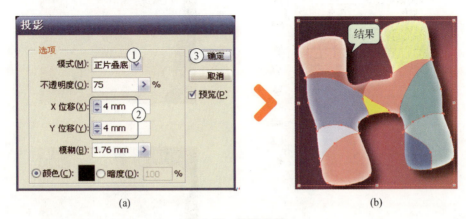

图 3-13　投影设置

步骤8 制作"缝线"条纹。单击工具栏的"直接选择工具",同时按下键盘上的Shift键,逐个选取所需路径,然后按Ctrl+F10打开"描边"面板进行设置,如图3-14所示。

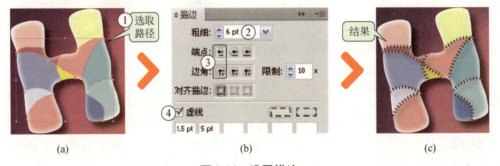

图 3-14　设置描边

步骤9 对H图形与缝线路径进行编组。使用"选择工具"框选H图形与缝线路径,然后选择菜单栏的"对象/编组"命令进行编组。

步骤10 参考字母H的编辑过程,同理制作其他字母,如图3-15所示。

图 3-15　制作其他字母

图 3-16　调整结果

步骤 11　使用"选择工具"调整字母位置,结果如图 3-16 所示。

## 任务二　绘制背景:光盘

本任务通过绘制光盘,学习渐变工具及色板的使用方法与技巧,进一步加强和巩固椭圆工具与钢笔工具的使用方法。最终效果如图 3-17 所示。

操作步骤

步骤 1　新建文件。选择菜单栏"文件/新建"命令(或使用快捷键 Ctrl+N),系统弹出"新建"对话框后,如图 3-18 所示进行设置。

步骤 2　创建渐变背景。

(1) 单击工具栏中的"矩形工具"按钮 ▭(或按快捷键 M),单击图板矩形的左上角点的位置,系统弹出"矩形"对话框,指定宽度 210 mm 和高度 297 mm,然后单击"确定",如图 3-19 所示。

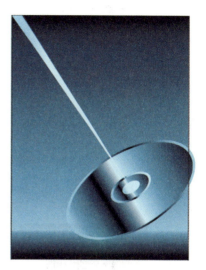

图 3-17　背景:光盘

(2) 单击"渐变工具"按钮 ▭(或按快捷键 G),然后单击矩形完成默认的黑白渐变填充,如图 3-20 所示。

(3) 渐变矩形在选取的状态下时,选择菜单栏"窗口/渐变"命令(或界面右边面板的"渐变"按钮,又或是快捷键 Ctrl+F9),弹出"渐变"对话框,设置渐变"角度"为-90°,如图 3-21 所示。

(4) 接着对"渐变"面板的"渐变滑块"的颜色与位置进行设置。添加渐变滑块,设置滑块位置,双击色标可弹出"颜色"面板,设置颜色参数,如图 3-22 所示。

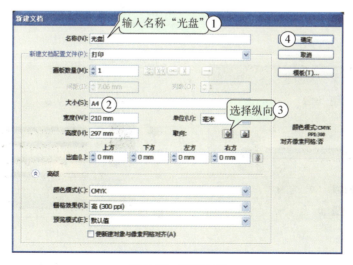

图 3-18　新建文件

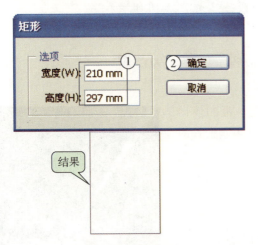

图 3-19　绘制矩形　　　　　　　图 3-20　渐变填充

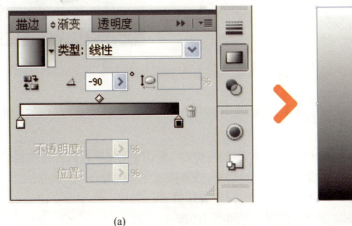

(a)　　　　　　　　　　　　　　　(b)

图 3-21　设置渐变角度

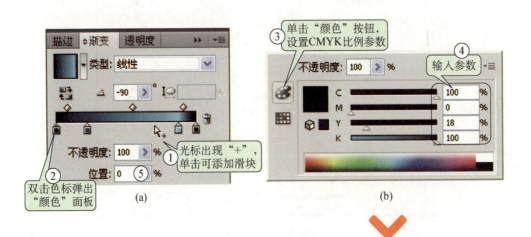

(a)　　　　　　　　　　　　　　　(b)

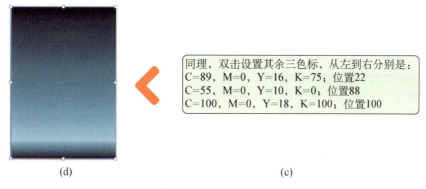

图 3-22 设置渐变滑块

**步骤3** 创建椭圆1。

(1) 按快捷键 L 激活"椭圆工具",单击画板空白处,弹出"椭圆"对话框,输入宽度 145 mm,高度 77 mm,单击"确定"创建椭圆1,如图 3-23 所示。

图 3-23 创建椭圆1

> **提示**
> 在没更改填充色的情况下,绘制封闭路径时,系统默认是使用上一次的填充设置。

(2) 椭圆1在选取状态下时,选择菜单栏"对象/变换/旋转"命令,弹出"旋转"对话框,进行设置,再单击"确定"完成,如图 3-24 所示。

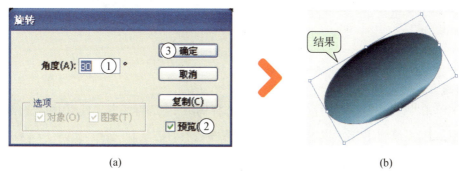

图 3-24 旋转椭圆1

(3) 椭圆 1 在选取状态下时，单击界面右边的"渐变"按钮，弹出"渐变"面板后，对椭圆 1 的渐变滑块进行设置，如图 3-25 所示。

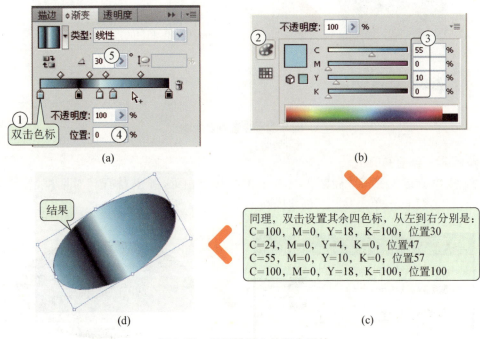

图 3-25　设置椭圆 1 的渐变滑块

步骤 4　创建椭圆 2。选取椭圆 1，选择菜单栏"对象/路径/位移路径"命令，系统弹出"位移路径"对话框，输入位移为 3 mm，再单击"确定"完成，创建椭圆图形 2，如图 3-26 所示。

图 3-26　创建椭圆 2

步骤 5　复制椭圆图形。

(1) 单击"选择工具"，同时按下 Shift 键，选择椭圆 1、2，再双击工具栏中的"比例缩放工具"按钮，系统弹出"比例缩放"对话框，输入参数后，按"复制"按钮，如图 3-27 所示。

(2) 使用"选择工具"选取最上层的椭圆，再双击工具栏中的"比例缩放工具"按钮，系统弹出"比例缩放"对话框，输入参数后，按"复制"按钮，如图 3-28 所示。

项目三 上色的类型与编辑

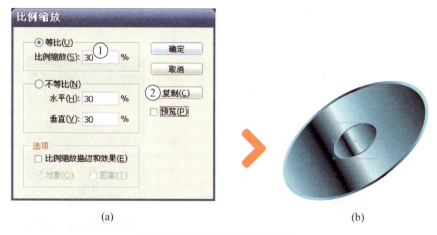

(a)　　　　　　　　　　　　　　(b)

图 3-27　比例缩放与复制对象

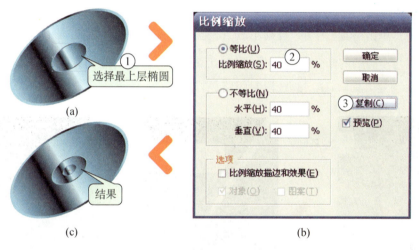

图 3-28　比例缩放与复制对象

步骤 6　使用"选择工具"选取最小的椭圆,再选择菜单栏"窗口/渐变"命令,弹出"渐变"面板后,选择要删除的"色标"后,再单击"删除色标"按钮进行删除,如图 3-29 所示。

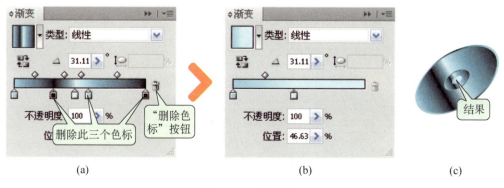

(a)　　　　　　　　　　　　(b)　　　　　　　　　　　　(c)

图 3-29　删除色标

步骤 7　使用"选择工具",框选所有的椭圆图形,再将所有的椭圆拖拽到"渐变背景"的合适位置,如图 3-30 所示。

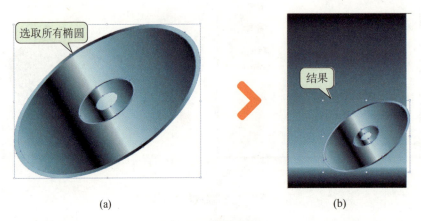

图 3-30　调整位置

步骤 8　单击工具栏中的"吸管工具"按钮 ,接着在最小的椭圆中单击,当"控制面板"中的填色与小椭圆的渐变色相同后,再单击工具栏中的"钢笔工具"按钮 (或按快捷键"P"),激活钢笔工具后,建立直线段封闭路径,如图 3-31 所示。

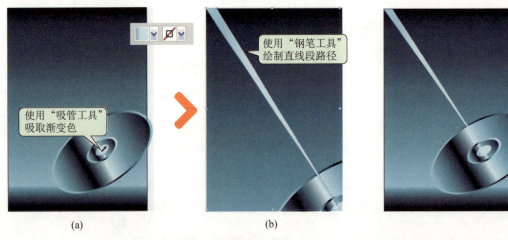

图 3-31　建立直线段封闭路径　　　　图 3-32　结果图

步骤 9　最后结果如图 3-32 所示。

## 任务三　绘制产品宣传:珍珠

本任务将通过珍珠的绘制,学习网格工具的使用与编辑技巧,同时巩固与练习钢笔工具、复制等命令的使用。最终效果如图 3-33 所示。

项目三　上色的类型与编辑

图 3-33　珍珠

步骤1　新建文档。选择菜单栏"文件/新建"命令,输入名字"珍珠",如图 3-34 所示。

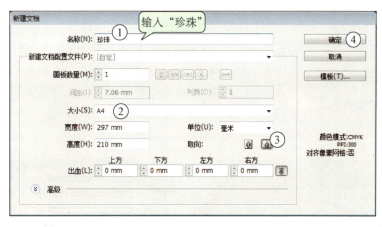

图 3-34　新建文档

步骤2　创建圆。按快捷键 L 激活"椭圆工具",单击画板空白处,弹出"椭圆"对话框,输入宽度为 70 mm,高度为 70 mm,单击"确定",如图 3-35 所示。

图 3-35　创建圆

· 77 ·

步骤3  圆在选取的状态下时,修改控制面板上圆的填充和描边参数,如图3-36所示。

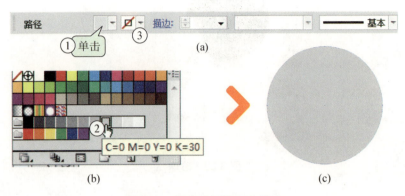

图 3-36  修改圆的填充和描边

图 3-37  为圆添加网格

步骤4  单击左边工具栏中的"网格工具"按钮，单击圆添加网格,如图3-37所示。

步骤5  为圆添加网格效果。

(1) 使用"直接选择工具",同时按住 Shift 键,连续选取网格的几个交叉点,然后单击右边面板的"颜色"按钮，在"颜色"面板中设置颜色参数,如图3-38所示。

(2) 同理使用"直接选择工具",分别选取其他几个网格的交叉点,进行各自的颜色修改,如图3-39所示。

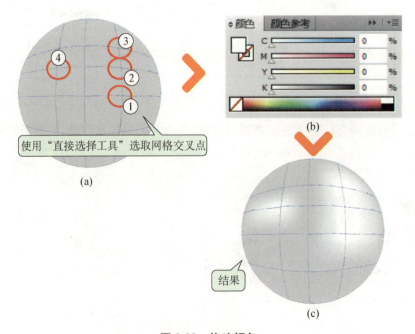

图 3-38  修改颜色

项目三 上色的类型与编辑

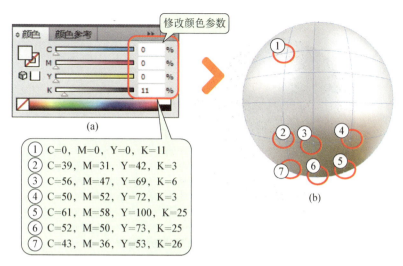

图 3-39 修改颜色

步骤6 调整颜色的分布,完成"白珍珠"的制作。使用"直接选择工具",单击网格交叉点,然后按住鼠标左键,拖动调整网格形状,如图 3-40 所示。

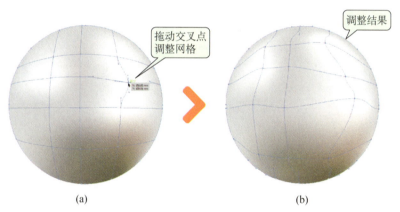

图 3-40 调整网格形状

步骤7 同理制作"黑珍珠"和"粉红珍珠",网格效果如图 3-41 所示。

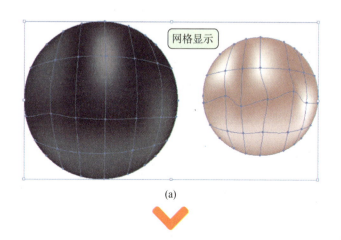

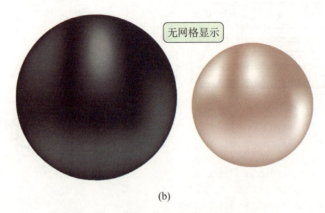

图 3-41 制作"黑珍珠"和"粉红珍珠"

步骤 8  使用"选择工具",单击粉红色的珍珠,然后按住鼠标左键和 Alt 键,拖动一定距离,进行移动复制,如图 3-42 所示。

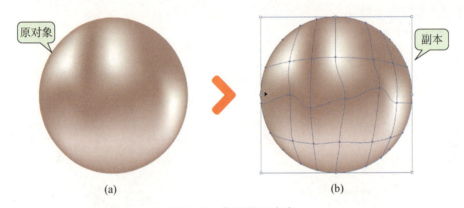

图 3-42  复制粉红珍珠

步骤 9  副本在选取的状态下时,选择菜单栏"对象/变换/缩放"命令,弹出"比例缩放"对话框后,如图 3-43 所示进行设置。

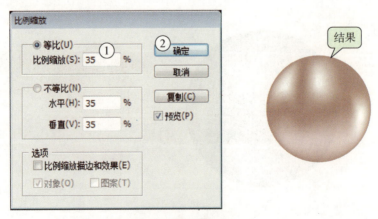

图 3-43  缩放粉红珍珠

步骤 10  副本在选取的状态下时,使用"选择工具"与并按住 Alt 键,拖动一定距离,复制多个副本,如图 3-44 所示。

图 3-44  复制多个副本      图 3-45  调整位置

步骤 11  使用"选择工具"对副本进行位置的调整,让"珍珠"摆放得更有艺术感,如图 3-45 所示。

步骤 12  为"粉红珍珠串"添加绳子。

(1) 使用"钢笔工具"绘制路径,制作绳子,如图 3-46 所示。

(2) 路径在选取状态下时,选择菜单栏"对象/排列/置于底层"命令,如图 3-47 所示。

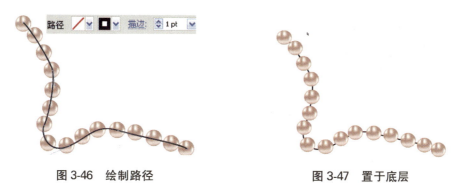

图 3-46  绘制路径      图 3-47  置于底层

步骤 13  创建阴影。

(1) 按快捷键 L 激活"椭圆工具",单击画板空白处,弹出椭圆对话框,输入宽度为 50 mm,高度为 15 mm,单击"确定",如图 3-48 所示。

图 3-48  创建椭圆

(2) 选择菜单栏"效果/风格化/羽化"命令,对椭圆进行羽化,如图 3-49 所示。

(3) 使用"选择工具"选中椭圆,再次运用鼠标左键和 Alt 键的组合,进行复制移动,完成椭圆的两个副本的复制,如图 3-50 所示。

(4) 使用"选择工具",将各椭圆阴影移动放置于三粒珍珠底部,完成阴影的制作,如图 3-51 所示。

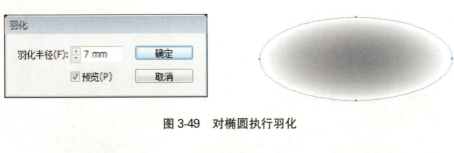

图 3-49 对椭圆执行羽化

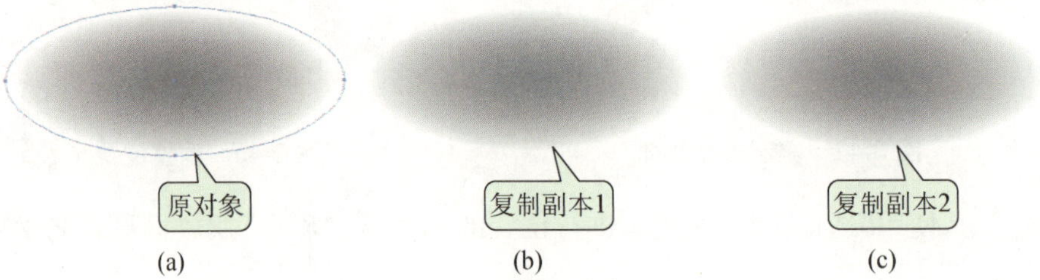

(a) 原对象　　(b) 复制副本1　　(c) 复制副本2

图 3-50 对椭圆执行复制移动

图 3-51 对椭圆进行移动放置

步骤 14　对图形进行编组并移动调整。

（1）对图形编组，运用"选择工具"选择图形，然后按右键，弹出右键快捷菜单选择"编组"命令，进行编组（粉红珍珠串为一组，黑珍珠和底部阴影为一组，白珍珠和底部阴影为一组，粉红珍珠和底部阴影为一组），如图 3-52 所示。

图 3-52 对图形编组

(2) 使用"选择工具",调整各对象位置,如图 3-53 所示。

图 3-53　调整各编组图形位置　　　　　图 3-54　最终结果图

步骤 15　使用"选择工具"选取"黑珍珠",接着选择菜单栏"对象/排列/置于底层"命令,结果如图 3-54 所示。

## 任务四　绘制无缝贴图：花式图案

本任务通过花式图案的制作,学习裁切标记与定义图案的使用方法与技巧,同时巩固与练习排列、选择等命令的使用技巧。最终效果如图 3-55 所示。

操作步骤

图 3-55　无缝贴图：花式图案

步骤 1　打开素材文件。选择菜单栏"文件/打开"命令,弹出"打开"对话框,找出资源包中的素材文件"项目三\素材\花式图案.ai"的路径,打开文件,如图 3-56 所示。

步骤 2　复制背景图层。

(1) 使用"选择工具"单击背景,然后按 Ctrl+C 组合键复制背景图层,再按 Ctrl+F 组合键将其粘贴到前面,副本覆盖在原背景图之上,结果如图 3-57 所示。

(2) 选择菜单栏"窗口/图层"命令,弹出"图层"面板,单击选取副本图层,将其拖到图层最底部,然后双击此图层,弹出"选项"对话框,输入"背景副本",如图 3-58 所示。

(3) 背景副本在选取的状态下时,单击控制面板将其填充和描边颜色设置为无,如图 3-59 所示。

步骤 3　选择菜单栏"对象/创建裁切标记"命令,结果如图 3-60 所示。

图 3-56　打开素材文件　　　　　图 3-57　复制副本

图 3-58　调整副本图层并重命名

图 3-59　修改背景副本

图 3-60　执行裁切标记命令

步骤4  使用"选择工具"框选溢出背景的上部分花朵图案,然后按住 Alt 键、鼠标左键和 Shift 键向下拖动,如图 3-61 所示。

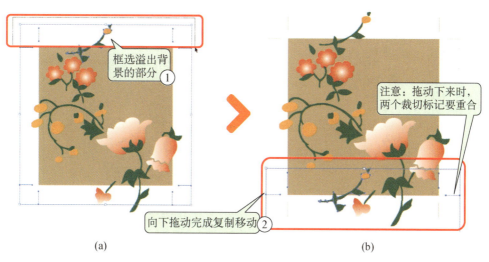

图 3-61  复制移动图形

> **提示**
> 为了实现无缝接口,两个水平的裁切标记必需重合。

步骤5  副本在选取的状态下时,选择菜单栏"对象/编组"命令,再单击"图层"面板,将副本编组部分展开,删除裁切标记部分,如图 3-62 所示。

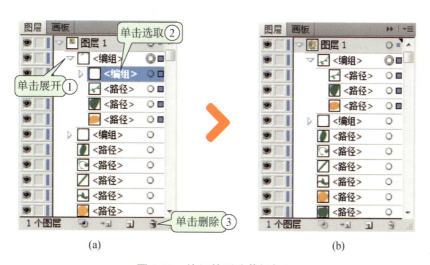

图 3-62  编组并删除裁切标记

步骤6  单击"图层"面板中相应的锁定列,将副本部分进行锁定,如图 3-63 所示。

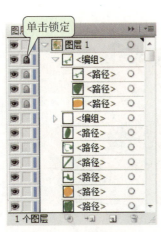

图 3-63 锁定副本

图 3-64 复制移动

步骤 7　使用"选择工具"框选溢出背景的下部分花朵图案,同样使用 Alt 键、鼠标左键和 Shift 键组合向上拖动复制,如图 3-64 所示。

步骤 8　副本在选取的状态下时,选择菜单栏"对象/编组"命令,再单击"图层"面板,将副本编组部分展开,删除裁切标记部分,然后单击锁定,如图 3-65 所示。

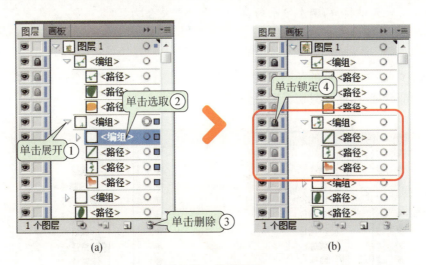

(a)　　　　　　　　　　　　(b)

图 3-65 编辑图层

步骤 9　同理,对左边和右边溢出部分进行复制移动、删除裁切标记和锁定,结果如图 3-66 所示。

步骤 10　选择菜单栏"对象/全部解锁"命令,对所有图形进行解锁。

步骤 11　使用"选择工具"选择所有对象,然后选择菜单栏"编辑/定义图案"命令,弹出"新建色板"对话框,输入名称为"花式图案",单击"确定"完成创建。之后,打开"色板"面板即可显示新建的图案,如图 3-67 所示。

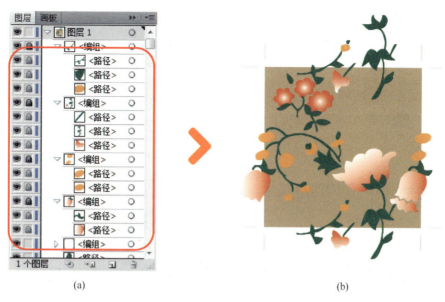

图 3-66 左、右边的处理结果

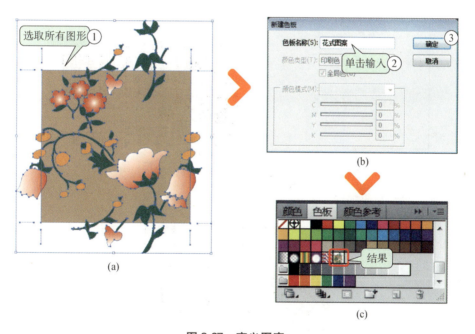

图 3-67 定义图案

步骤 12  选择菜单栏"窗口/图层"命令,弹出"图层"面板,单击"创建新图层"按钮,接着双击新创建的图层,弹出"图层选项",输入名称"花式图案",单击"确定",然后单击图层 1"眼睛"按钮 进行隐藏,如图 3-68 所示。

步骤 13  使用"矩形工具"绘制矩形,大小、位置与画板重合,如图 3-69 所示。

步骤 14  选中矩形,单击软件右边的"色板" 按钮,弹出"色板"面板,单击选择新创建的花式图案进行颜色填充,如图 3-70 所示。

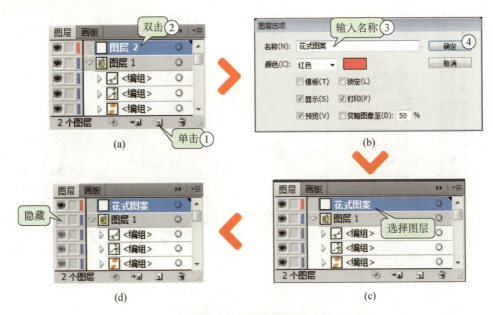

图 3-68 隐藏图层 1

图 3-69 绘制矩形

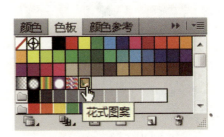

图 3-70 填色

步骤 15 最终结果如图 3-71 所示。

图 3-71 最终结果图

项目三 上色的类型与编辑

# 相关知识与技能

## 一、关于颜色

对图稿应用颜色是一项常见的 Adobe Illustrator 任务,要正确地使用颜色,应了解有关颜色模型、色域等基本知识。

颜色模型用于描述在数字图形中看到和用到的各种颜色。每种颜色模型,如:RGB、CMYK 或 HSB,分别表示用于描述颜色及对颜色进行分类的不同方法。

RGB 模型:无论在软件中使用何种色彩模型,在显示器上显示时,图像都是以 RGB 方式显示,但 RGB 模型在印刷中不能被完全打印出来。

CMYK 模型:是最佳的打印模型,若图像需要打印或者印刷,就必须使用 CMYK 模型,才可确保印刷品颜色与设计时一致。所有印刷品上看到的图像,都是 CMYK(青色、洋红色、黄色、黑色)模型表现的,比如期刊、杂志、报纸、宣传画等。

### 1. 色彩空间和色域

色彩空间是可见光谱中的颜色范围,如图 3-72 所示。色彩空间也可以是另一种形式的颜色模型,如:RGB 颜色模型有许多不同的 RGB 色彩空间,Adobe RGB、Apple RGB 和 sRGB 都是基于同一个颜色模型的不同色彩空间。

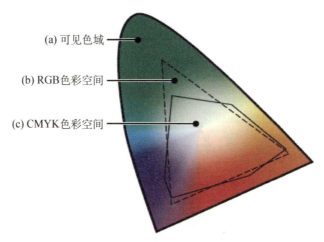

图 3-72 不同色彩空间的色域

色彩空间包含的颜色范围称为色域。在整个工作流程内用到的各种不同设备(计算机显示器、扫描仪、桌面打印机、印刷机和数码相机等)都在不同的色彩空间内运行,它们的色域各不相同,如:某些颜色位于计算机显示器的色域内,但不在喷墨打印机的色域内;某些颜色位于喷墨打印机的色域内,但不在计算机显示器的色域内。无法在设备上生成的颜色被视为超出该设备的色彩空间,换句话说,该颜色超出色域。

### 2. 印刷色与专色

印刷色是使用四种标准印刷油墨的组合打印的颜色:青色、洋红色、黄色和黑色(CMYK)。

当作业需要的颜色较多而导致使用单独的专色油墨成本很高或者不可行时,例如印刷彩色照片,就需要使用印刷色。

指定印刷色时,要遵循以下原则:

① 为使高品质印刷文档呈现最佳效果,请参考印刷商所提供的 CMYK 参考图表来设定颜色。

② 印刷色的最终颜色值是它的 CMYK 值,因为,无论使用 RGB 还是 LAB 等指定的其他颜色值,在印刷打印过程中,系统会自动将这些颜色值转换为 CMYK 值(根据颜色管理设置和文档配置文件的不同,在转换过程中会有所不同)。

③ 当用户不确定是否已正确设置了颜色管理系统,也不了解它在颜色预览方面的限制时,不要根据显示器上的显示来指定印刷色。因为 CMYK 的色域比普通显示器的色域小。

④ 在 Illustrator 中,可以将印刷色指定为全局色或非全局色。全局印刷色保持与"色板"面板中色板的链接,如果修改某个全局印刷色的色板,则使用该颜色的对象都会更新。编辑颜色时,文档中的非全局印刷色不会自动更新。默认情况下,印刷色为非全局色。

> **提示**
> 全局和非全局印刷色仅影响特定颜色应用于对象的方式,不影响在应用程序间移动它们时颜色如何分色或表现。

专色是一种特殊混和油墨,用于替代或补充印刷色(即采用 CMYK 四色油墨以外的其他色油墨进行印刷),它在印刷时需要专门的印版。当指定颜色少且颜色准确度要求高时可使用专色。专色油墨可准确重现印刷色色域以外的颜色,如:珠光、镭射等。但是,专色的确切印刷效果外观由印刷商所混合的油墨和所用纸张共同决定,而不是由设计时指定的颜色值或色彩管理决定。指定专色值,所描述的仅是显示器和彩色打印机的颜色模拟外观,这些取决于这些设备的色域限制。

指定专色时,要遵循以下原则:

① 想要使打印的文档达到最佳效果,请指定印刷商所支持的颜色匹配系统中的专色。

② 尽量减少使用专色的数量。因为每创建一个专色都将为印刷机生成额外的专色印版,从而增加打印成本。如果需要四种以上的专色,则考虑使用印刷色打印文档。

③ 如果某个对象包含专色并与另一个包含透明度的对象重叠,在导出为 EPS 格式时,使用"打印"对话框将专色转换为印刷色;或者在 Illustrator 以外的应用程序中创建分色时,可能会产生不希望出现的结果,要减少这种问题,请将专色转换为印刷色。

④ 可使用专色印版在印刷色任务区应用上光色。在这种情况下,印刷任务将总共使用五种油墨——四种印刷色油墨和一种专色上光色。

## 二、上色工具图解

上色工具图解如表 3-1 所示:

表 3-1 上色工具命令简介

| 名　称 | 图　标 | 快捷键 | 简　介 | 图　解 |
|---|---|---|---|---|
| 画笔工具 | | B | 用于绘制徒手画和书法线条以及路径图稿、图案和毛刷画笔描边 | |
| 网格工具 | | U | 用于创建和编辑网格和网格封套 | |
| 渐变工具 | | G | 调整对象内渐变的起点和终点以及角度，或者向对象应用渐变 | |
| 吸管工具 | | I | 用于从对象中采样以及应用颜色、文字和外观属性，其中包括效果 | |
| 实时上色工具 | | K | 用于按当前的上色属性绘制"实时上色"组的表面和边缘 | |
| 实时上色选择工具 | | Shift+L | 用于选择"实时上色"组中的表面和边缘 | |

续表

| 名称 | 图标 | 快捷键 | 简介 | 图解 |
|---|---|---|---|---|
| 度量工具 | | 无 | 用于测量两点之间的距离 | |
| 斑点画笔工具 | | Shift+B | 绘制的路径会自动扩展和合并堆叠顺序中相邻的具有相同颜色的书法画笔路径 | |

### 三、上色类型与方法

**1. 填充和描边上色**

绘制对象后,可通过控制面板上的"填充填色"和"描边填色"下拉按钮指定内部填充色和描边颜色,如图3-73(a)所示。给多层对象上色时,对象的外观取决于在这些分层对象组成的堆栈中,哪些对象处于堆栈上方,如图3-73(b)所示。

#### 案例实践

**填充与描边上色**

打开资源包中的素材"项目三\素材\填充与描边上色.ai"文件,进行填充与描边上色的练习,结果如图3-73所示。

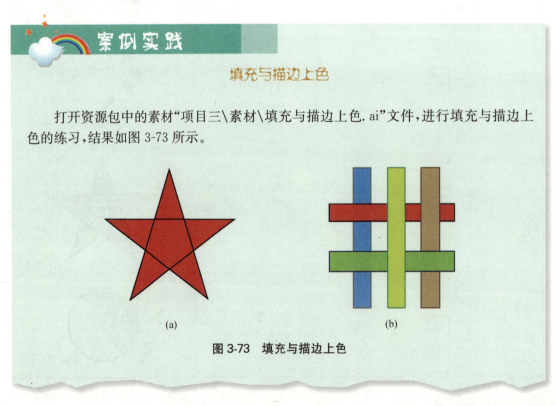

图 3-73 填充与描边上色

## 2. 为实时上色组上色

"实时上色"无须考虑图层或堆栈顺序,使用不同的颜色对对象的每个表面填色及每条边缘描边。"实时上色选择工具"则用于选择实时上色组中的各个表面和边缘,如图 3-74 所示。

> **提示**
>
> "实时上色工具"只为"实时上色组"上色,先选择要上色的路径集合,然后用该工具单击以建立"实时上色组";当文字对象或其他对象不能直接使用"实时上色工具"上色时,可选择菜单栏"对象/扩展"命令,接着选择"实时上色工具"进行上色。

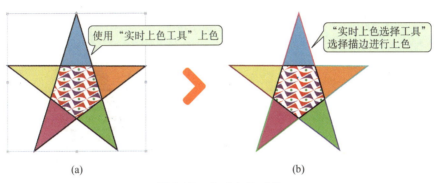

图 3-74　实时上色对象

### (1) 创建"实时上色组",并进行上色

● 创建"实时上色组"。选择一条或多条路径或者复合路径后,有三种方法可对"实时上色组"进行激活:

① 按键盘快捷键 K 即可。

② 选择菜单栏"对象/实时上色/建立"命令。

③ 单击并长按工具栏中的"形状生成器工具"按钮 ,弹出多个命令按钮,再将光标拖至"实时上色工具"按钮 处,松开鼠标便可。

● 为"实时上色组"上色。激活"实时上色组"后,将光标移至对象表面上,光标显示为半填充的油漆桶形状 时,有三种方法对其进行填充。

> **提示**
>
> 从"色板"面板中选择一种颜色后,油漆桶光标上方显示三种颜色 ,选定颜色位于中间,两个相邻颜色位于两侧。要使用相邻的颜色,可按键盘上向左或向右的箭头键。

① 双击一个表面:跨越未描边的边缘对邻近表面填色(即连续填色)。

② 三击表面:填充所有当前具有相同填充的表面。

③ 拖动鼠标跨过多个表面:鼠标拖动过的表面都可填充同一种颜色。

### (2) 对描边进行上色

创建"实时上色组"后,双击"实时上色工具"并勾选"描边上色",或按 Shift 键以暂时切换到"描边上色"选项,有三种方法对其进行上色。

① 单击一个边缘为其描边(当指针位于某个边缘上时,将变为画笔形状,并突出显示该边缘)。

② 拖动鼠标跨过多条边缘,可一次为多条边缘进行描边。

③ 双击一条边缘,可对所有与其相连的边缘进行描边(连续描边)。

④ 三击一条边缘,可对所有边缘应用相同的描边。

### (3) 扩展或释放实时上色组

选择实时上色组对象后,选择菜单栏"对象/实时上色/释放"命令,可以将其变为一条或多条普通路径,它们没有进行填充且具有 0.5 磅宽的黑色描边,如图 3-75 所示。

选择实时上色组对象后,选择菜单栏"对象/实时上色/扩展"命令,可以将其变为与实时上色组视觉上相似,事实上却是由单独的填充和描边路径所组成的对象,如图 3-76 所示。

图 3-75 释放实时上色组后

图 3-76 扩展实时上色组后

## 案例实践

### "实时上色"的使用

打开资源包中的素材"项目三\素材\苹果标志.ai"文件,如图 3-77 所示,然后如下步骤进行操作:

(a)

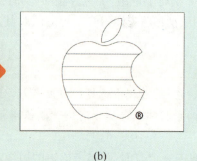
(b)

图 3-77 打开素材文件

 使用"选择工具"框选所有苹果标志的路径对象,接着单击工具栏的"描边"按钮(或按快捷键 X),再单击"无"按钮,取消描边填色,如图 3-78 所示。

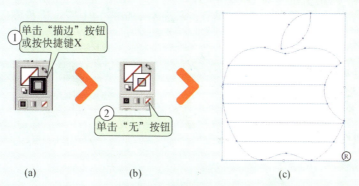

图 3-78 取消描边填色

**步骤 2** 选中苹果标志的路径对象,按快捷键 K 激活实时上色工具(或单击并长按工具栏的"形状生成器工具"按钮 ，当弹出多个命令按钮时,将光标拖至"实时上色工具"按钮 ，松开鼠标),如图 3-79 所示。

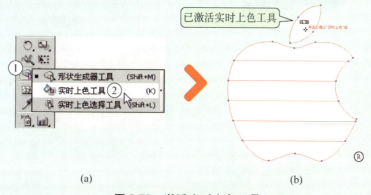

图 3-79 激活实时上色工具

**步骤 3** 单击界面右边面板的"颜色"按钮 （或按快捷键 F6),弹出"颜色"面板后,设置颜色参数比例,再单击"苹果"图形进行实时上色,如图 3-80 所示。

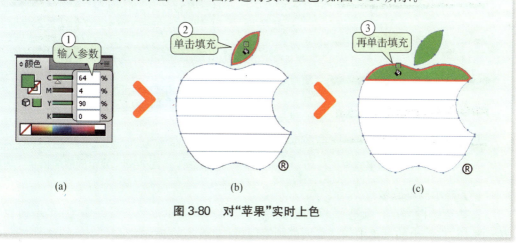

图 3-80 对"苹果"实时上色

图 3-81 实时上色

### 3. 画笔上色

使用画笔可使路径的外观具有不同的风格。系统中提供了书法画笔、散点画笔、毛刷画笔、图案画笔和艺术画笔,效果如图 3-82 所示。

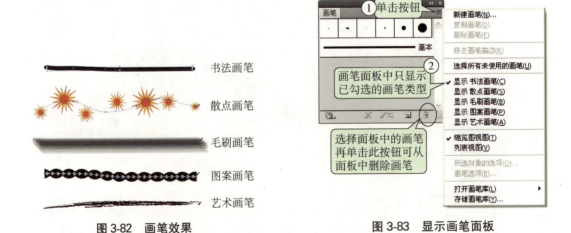

图 3-82 画笔效果　　　　　　图 3-83 显示画笔面板

**(1) 显示画笔面板**

选择菜单栏"窗口/画笔"命令(或按快捷键 F5),要显示上述的各类画笔,单击面板右上侧的按钮,在弹出的菜单中勾选需要的画笔即可,如图 3-83 所示。

### (2) 打开画笔库

画笔库是 Illustrator CS5 自带的预设画笔,可单击画笔面板的"画笔库菜单"按钮,在弹出的菜单中选择需要的画笔库(或选择菜单栏"窗口/画笔库"命令中的子菜单命令),例如,打开"毛刷画笔库",如图 3-84 所示。

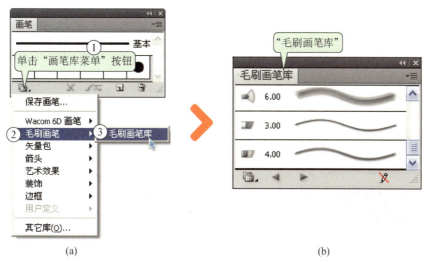

图 3-84　打开画笔库

### (3) 应用与绘制画笔描边

● 在现有路径上应用画笔描边。

使用"钢笔工具"或其他工具绘制路径后,在"画笔库"或"画笔"面板中选择一种画笔,或将画笔拖到路径上,即可应用画笔描边,如图 3-85 所示。本例使用了"艺术画笔库"的花茎效果,其他效果方法相同。

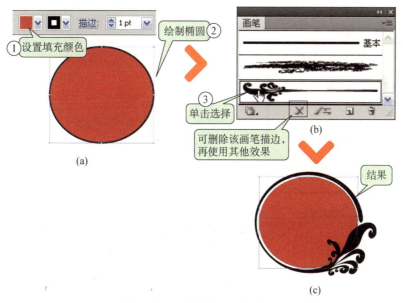

图 3-85　应用画笔对路径描边

> **提示**
> 如果路径已经应用了画笔描边,再选择其他画笔,则新画笔会取代旧画笔。

- 使用"画笔工具"直接绘制画笔描边的路径。

单击工具栏"画笔工具"按钮 ,再选择所需的画笔效果,然后在绘图区进行绘制,如需要将路径封闭,可在绘制的同时按下 Alt 键,当光标显示为 时,松开鼠标即可,如图 3-86 所示。

图 3-86　使用画笔工具绘制路径

双击工具栏"画笔工具"按钮 ,可打开"画笔工具选项"对话框,如图 3-87 所示。

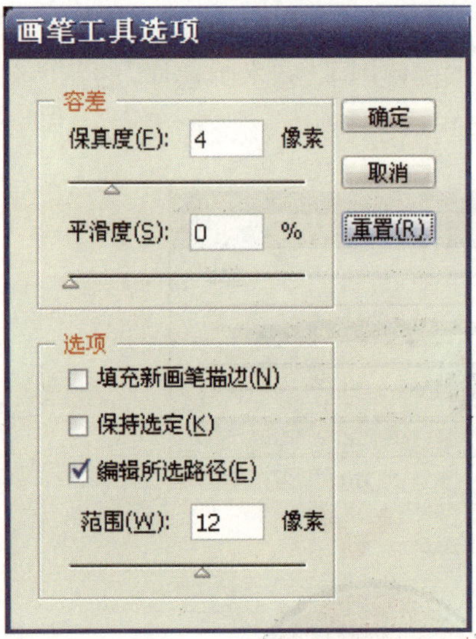

"画笔工具选项"对话框的各选项说明如下:

**保真度**:控制将鼠标或光标移动多大距离才会向路径添加新锚点。若保真度值为 2.5,则小于 2.5 像素的工具移动将不生成锚点。保真度的范围可介于 0.5 至 20 像素之间;值越大,路径越平滑,复杂程度越小。

**平滑度**:百分比越高,路径越平滑。

**填充新画笔描边**:将填色应用于路径。

**保持选定**:绘制路径后是否保持为选中状态。

**编辑所选路径**:是否可以更改现有路径。

**范围**:确定鼠标或光标须与现有路径相距多大距离之内,才可使用"画笔工具"来编辑路径。此选项仅在选择了"编辑所选路径"选项时可用。

图 3-87　画笔工具选项

(4) 创建与修改画笔

- 创建画笔

Illustrator 除了提供预设的画笔,用户还可以根据需求创建新的图案画笔、散点画笔、艺术画笔、毛刷画笔和书法画笔,下面以散点画笔为例介绍如何新建与修改画笔。

项目三　上色的类型与编辑

### 新建散点画笔

**步骤1**　按下工具栏的"矩形工具",弹出多个命令选项时,选择"星形工具"后松开鼠标,在绘图区中绘制多个填充不同颜色的星形,如图3-88所示。

**步骤2**　选中所绘制的星形,选择菜单栏"窗口/画笔"命令(或按快捷键F5),弹出"画笔"面板后,单击"新建画笔"按钮,接着系统弹出"新建画笔"对话框,在"新建画笔"对话框中,选择"散点画笔",按下"确定"按钮,系统继续弹出"散点画笔选项",设置参数后单击"确定"按钮,如图3-89所示。

图3-88　绘制星形

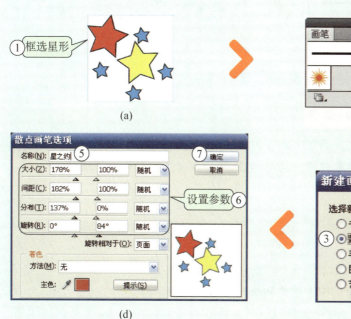

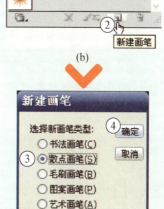

图3-89　新建画笔

> **提示**
> 如需修改"画笔选项",可双击"画笔"面板中要修改的画笔,便可打开相应的对话框进行修改。

**步骤3**　成功创建画笔后,"画笔"面板中便可显示"星之约"画笔,然后使用"画笔工具"按住 Shift 键进行绘制,如图3-90所示。

· 99 ·

# 平面设计 Illustrator CS5

图 3-90 绘制画笔描边

**步骤4** 完成画笔描边后,选中描边对象,在"画笔"面板中单击相应的画笔效果,每次单击都可更改图稿排列的位置,如图 3-91 所示。

图 3-91 画笔描边效果

> **提示**
> 如果想要编辑画笔描边的各个部分,须选择描边对象后,再选择菜单栏"对象/扩展外观"命令,便可将描边对象转换为轮廓路径,然后在锚点或个体上作编辑。

### 4. 渐变上色

"渐变工具"或"渐变"面板用于创建和修改渐变填充。

创建渐变:单击工具栏"渐变工具"按钮,然后在封闭路径中单击,便可对封闭路径进行填充(默认为"线性"渐变),"渐变批注者"亦同时出现,如图 3-92 所示。

> **提示**
> 如无显示"渐变批注者",选择菜单栏"视图/显示渐变批注者"命令;如要隐藏"渐变批注者",即选择"隐藏渐变批注者"。

修改渐变:双击工具栏"渐变工具"按钮,系统弹出"渐变"面板,在面板中更改渐变"类型"与"渐变填色",再单击封闭的路径即可。此处,将"类型"改为"径向",渐变效果如图 3-93 所示。

"渐变"面板可指定色标的数目和位置、颜色显示的角度、椭圆渐变的长宽比以及每种颜色的不透明度,如图 3-94 所示。

项目三　上色的类型与编辑

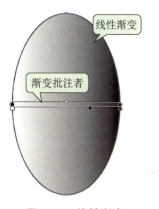

图 3-92　线性渐变

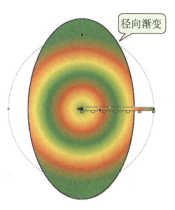

图 3-93　径向渐变

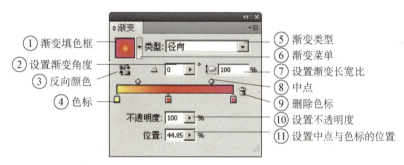

图 3-94　"渐变"面板

## 案例实践

### "渐变批注者"的使用

打开资源包中的素材"项目三\素材\四叶花.ai"文件后，进行如下操作：

● 使用"选择工具"选取要填充的对象，单击"渐变工具"，渐变填充对象中可显示渐变批注者，双击色标可设置颜色，如图 3-95 所示；

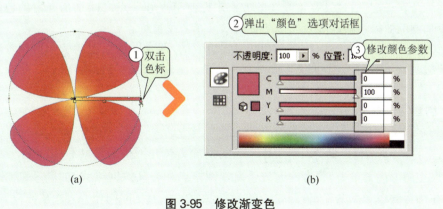

(a)　　　　　　　　　　　　　(b)

图 3-95　修改渐变色

· 101 ·

● 把光标放在"渐变批注者"的色谱条处,当光标变为 ▶ 时,可按下鼠标左键拖拽,更改渐变原点,如图 3-96 所示;

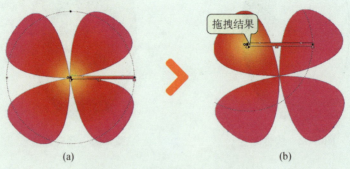

图 3-96　更改"渐变批注者"位置

● 在"渐变"面板中更改渐变"类型"为"线性",将光标移至"渐变批注者"的终点,当光标显示为 ↻ ,按下鼠标左键拖拽,可更改渐变角度,如图 3-97 所示。

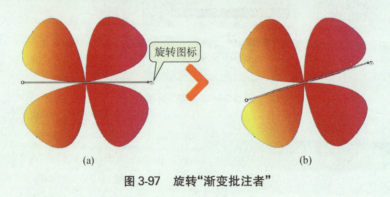

图 3-97　旋转"渐变批注者"

### 5. 网格上色

"网格工具"是 Illustrator 中最神奇的工具之一,它创造性地把贝赛尔曲线网格和渐变填充完美地结合在一起,通过贝赛尔曲线的方式来控制节点和节点之间丰富光滑的色彩渐变,从而形成华丽的效果,而且,随着技术的更新效果越来越精致。

一个完整的网格对象是由网格点和网格线组成的,四个网格点组成一个网格片,在非矩形物体的边缘,3 个网格点就可以组成一个网格片。网格中也同样会出现锚点,也可添加、删除、编辑和移动锚点,如图 3-98 所示。

(1) 创建网格对象的方式

● 直接使用"网格工具"创建渐变网格。

单击工具栏的"网格工具"按钮 ,将光标移至要创建网格的对象上,当光标变成 形状时,如果在图形内部单击,单击的地方就出现网格点和交叉的网格线,如图 3-99 的 E 点所示;如果在图形的边缘点上单击,路径上的节点便成为可填充的网格点,如图 3-99 的 A、B、C、D 点所示。

项目三　上色的类型与编辑

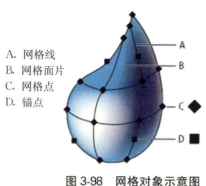

A. 网格线
B. 网格面片
C. 网格点
D. 锚点

图 3-98　网格对象示意图

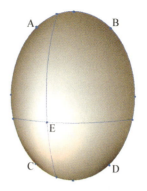

图 3-99　直接创建渐变网格

● 使用菜单命令创建渐变网格。

选择要创建网格的对象,再选择菜单栏"对象/创建渐变网格"命令,弹出"创建渐变网格"对话框后,设置参数,单击"确定"完成,如图 3-100 所示。

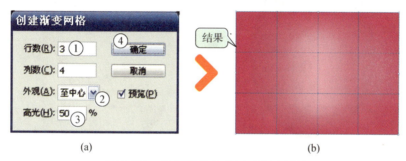

(a)　　　　　　　　　　　　　(b)

图 3-100　使用菜单命令创建渐变网格

● 由渐变填充转换为渐变网格。

选取渐变填充对象,再选择菜单"对象/扩展"命令,弹出"扩展"对话框后,设置参数,单击"确定"完成,如图 3-101 所示。

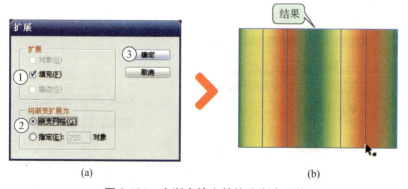

(a)　　　　　　　　　　　　　(b)

图 3-101　由渐变填充转换为渐变网格

(2) 网格修改与编辑

● 删除网格线。

单击工具栏的"网格工具"按钮 ,按住 Alt 键单击网格线,即可删除网格线,如果在网格点上单击则可以一次删除与该网格点相连的网格线。

· 103 ·

- 编辑网格片和网格点。

渐变填充网格和贝赛尔线的调整方法非常的相似。可使用直接选择工具及节点转换工具来对它进行调整。

使用"直接选择工具"可直接单击拖拽一个网格片，或单击拖拽某个网格点或其手柄进行调整，如图 3-102 所示。

> **提示**
> 选取整个网格片，可一次移动网格片上的 4 个或者 3 个节点。移动单个或多个网格点时，按住 Shift 键可以限制它沿着网格线移动。

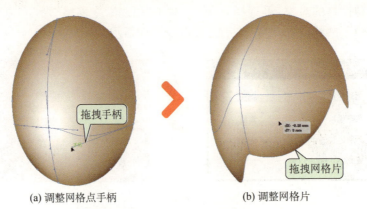

(a) 调整网格点手柄　　　　(b) 调整网格片

图 3-102　调整网格点和网格片

### 6. 图案的使用

Illustrator 附带提供了很多图案，打开"色板"面板或 Illustrator 软件中的 Illustrator Extras 文件夹便可访问这些图案，如图 3-103 所示；也可根据个人所需自定义新的图案。

注意：填充图案用来填充对象，而画笔图案则用来绘制对象轮廓。

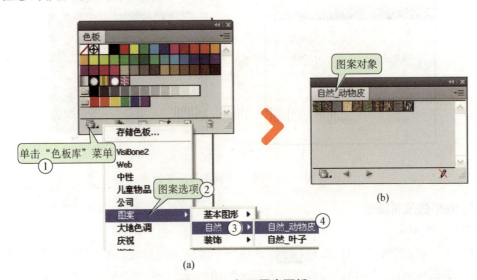

图 3-103　打开图案面板

## "定义图案"之无缝贴图制作

打开资源包中的素材"项目三\素材\无缝贴图图案.ai"文件后，进行如下操作：

**步骤 1** 使用"矩形工具"绘制矩形，然后调整矩形对角点，使其置于三角的顶点，如图 3-104 所示。

**步骤 2** 将矩形的填充与描边更改为"无"，然后选择菜单栏"对象/排列/置于底层"命令，如图 3-105 所示。

图 3-104　绘制矩形

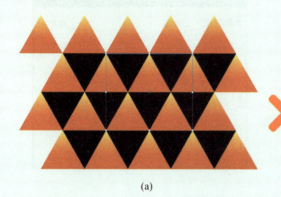

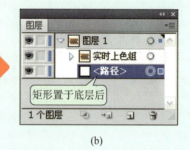

(a)　　　　　　　　　　　　　　(b)

图 3-105　编辑矩形

**步骤 3** 矩形在选取的状态下时，选择菜单栏"对象/创建裁切标记"命令，结果如图 3-106 所示。

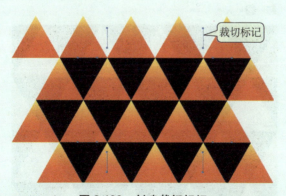

图 3-106　创建裁切标记

**步骤 4** 使用"选择工具"框选所有对象，接着选择菜单栏"编辑/定义图案"命令，系统弹出"新建色板"对话框后，输入名称为"三角板"后单击"确定"，如图 3-107 所示。

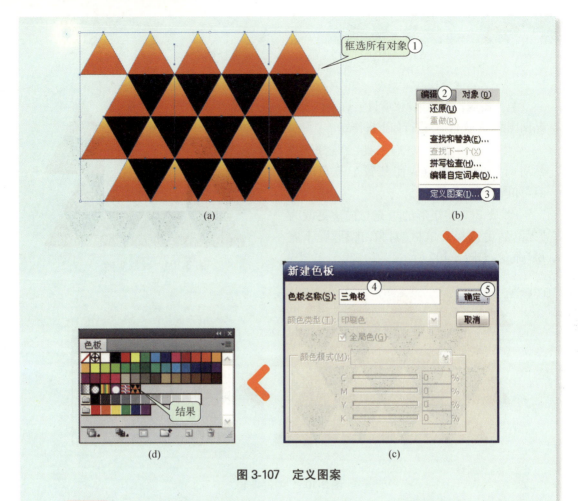

图 3-107 定义图案

步骤5 使用"矩形工具"绘制矩形,并使用新定义的"三角板"图案填充,结果如图 3-108 所示。

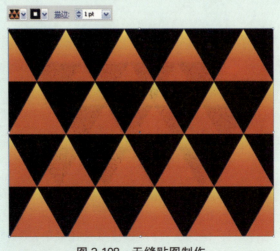

图 3-108 无缝贴图制作

## 四、与上色相关的面板及对话框的应用

### 1. "填色"与"描边"按钮

填色：是指在对象中填充颜色、图案或渐变。填色可以应用于开放和封闭的对象，以及实时上色组的表面。

描边：可以对对象、路径或实时上色组边缘的可视轮廓进行描边。该功能可以控制描边的宽度和颜色，也可以使用"路径"选项来创建虚线描边，并使用画笔进行风格化描边上色。

使用工具栏中的填充与描边按钮可以完成填色和描边，具体如图 3-109 所示。

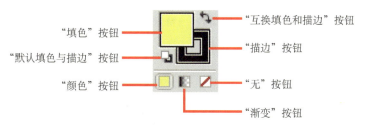

图 3-109　设置填色与描边按钮

### 2. "色板"面板与"拾色器"对话框

选择菜单栏"窗口/色板"命令（或单击界面右边的"色板"按钮 ），即可弹出"色板"面板，如图 3-110 所示。

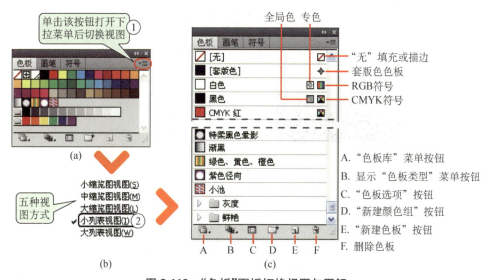

图 3-110　"色板"面板切换视图与图解

**（1）切换视图方式与图解**

"色板"面板包含已命名的渐变、图案、颜色和色调，在"色板"面板和各种"色板库"面板中，可使用多种类型的色板，包括印刷色、全局印刷色、渐变、专色、图案和套版色，或者使用"无"色板来删除填色或描边颜色，如图 3-110 所示。

**（2）显示特定色板**

单击"显示'色板类型'菜单"按钮 ，弹出下拉菜单，可选择所需的色板类型，默认的

情况下是"显示所有色板"选项,其他色板如图 3-111 所示。

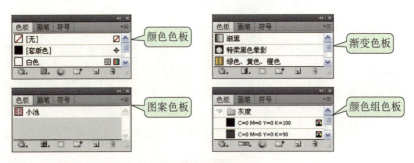

图 3-111  特定色板

**(3) 创建印刷色色板**

双击工具栏的"填色"图标按钮,系统弹出"拾色器"对话框,输入印刷色 CMYK 参数后单击"确定",接着在"色板"面板右下角单击"新建色板"按钮 ,系统弹出"新建色板"对话框,新的色板参数已出现在面板中,单击"确定"即可完成创建。也可直接单击"新建色板"按钮 ,再设置 CMYK 数值来完成创建,如图 3-112 所示。

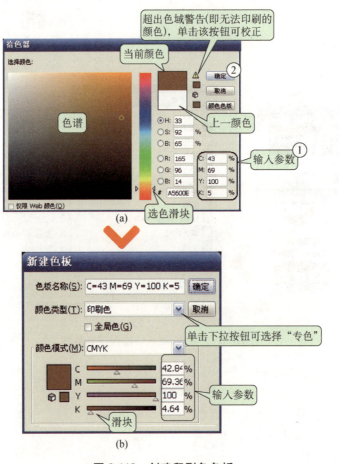

图 3-112  创建印刷色色板

> **提示**
> 全局色也是印刷色,是当色板编辑后,能在整个文档中自动更新的颜色,即色板修改后每个包含该颜色的对象都将改变颜色。

**(4) 创建专色色板**

创建专色色板的操作步骤与创建印刷色的步骤类似,只不过在单击"新建色板"按钮时要按住键盘上的 Ctrl 键,或在"新建色板"对话框时"颜色类型"中选择"专色" 颜色类型(T): 专色 。

**(5) 创建渐变色板**

结合使用"渐变"面板可以创建渐变色板,即先在"渐变"面板中创建渐变后,将其拖放到"色板"面板中;选中要应用渐变的对象后,单击"色板"面板中的渐变色板即可。如果要保存新建的渐变色板,则使用"色板"面板中的"新建色板"命令。

**3. "颜色"面板**

"颜色"面板可以将颜色应用到对象的填色和描边,也可编辑与混合颜色,还可显示不同的模型的颜色值,如图 3-113 所示。

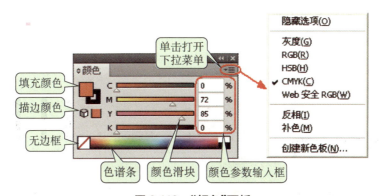

图 3-113 "颜色"面板

**(1) 切换颜色模型**

如图 3-113 所示,通过下拉菜单可切换颜色模型;或者在面板底部的色谱条处,按住 Shift 键单击,可切换颜色模型(如:RGB 或 HSB)。

**(2) 选择颜色**

在控制面板的"填充" 按钮处,按住 Shift 键单击打开"颜色"面板(或单击界面右边的"颜色"按钮 打开"颜色"面板),可单击面板底部的色谱条选择颜色;可单击颜色条左侧的"无"框,更改颜色为"无";可单击色谱条右侧选择白、黑两色。

**4. "描边"面板**

"描边"面板可指定线条是实线或虚线、虚线顺序等其他特性,以及描边粗细、描边对齐方式、线条端点、边角连接、箭头和宽度配置文件的样式。

选择菜单栏"窗口/描边"命令,或单击界面右边的"描边"按钮 ,打开"描边"面板,如图 3-114 所示。

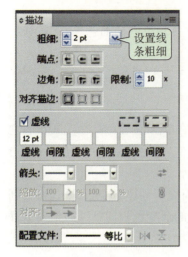

图 3-114 "描边"面板

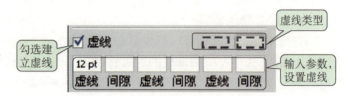

图 3-115 虚线的相关设置

**(1) 建立虚线描边**

选择路径对象后,在"描边"面板中单击勾选"虚线",然后设置所需虚线,如图 3-115 所示。

**(2) 更改线条的端点或连接**

选择路径对象后,在"描边"面板可更改线条的端点、边角连接和对齐描边的类型,如图 3-116 所示。

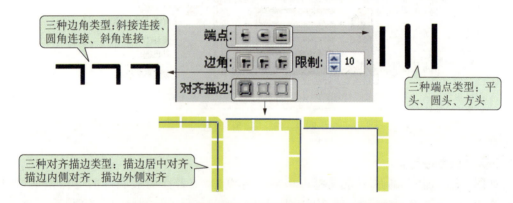

图 3-116 线条的端点、边角连接和对齐描边的类型

**(3) 添加箭头**

选择要添加箭头的路径后,接着按下面板上"左箭头"或"右箭头"的下拉按钮,打开"箭头类型"的菜单,选择箭头类型,然后对箭头进行缩放,如图 3-117 所示进行操作。

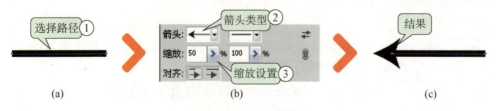

图 3-117 添加箭头

## 小　结

　　本项目主要介绍了在 Illustrator CS5 中为图形上色的相关工具与命令，学习了本项目后，应掌握以下主要内容：
　　1. 了解有关颜色的基本概念及颜色模型的使用。
　　2. 熟练使用填色、描边和渐变为图形设置颜色。
　　3. 熟练使用实时上色对图形进行上色。
　　4. 熟练、快速地使用网格工具绘制出简单美观的图形。
　　5. 熟练地使用画笔为路径制作出各种风格的描边。
　　6. 掌握图案的使用与建立无缝图案的方法与技巧。
　　7. 掌握 Illustrator CS5 中与上色相关的面板及对话框的使用。

# 项目四　文字的编辑与制作

　　Illustrator CS5 的文字功能非常强大，可以在图稿中添加一行文字、创建文本列和行、沿路径排列文本等；当确定图稿中文本的外观时，可选择字体以及行距、字偶间距和段落前后间距等；还可将文字对象建立为图形元素，对其进行填色、缩放、旋转和变形等操作；还可以很轻松地实现图文混排、使文字沿路径分布和创建文字蒙版等，能够完成各种复杂的排版工作。

『本项目学习目标』

- 熟悉运用文字工具创建文字的方法
- 掌握文字工具组的使用方法
- 熟悉设置段落格式与文字样式的方法
- 掌握导入与导出文字的方法
- 掌握文字排版的类型
- 掌握路径文字的使用与编辑

『本项目相关资源』

| 资源包 | 素材文件 | 资源包中"项目四\素材"文件夹 |
|---|---|---|
| | 结果文件 | 资源包中"项目四\结果文件"文件夹 |
| | 录像文件 | 资源包中"项目四\录像文件"文件夹 |

## 任务一　绘制海报：第厄普风筝的首都

　　本任务将通过制作海报：第厄普风筝的首都，学习文字工具、路径文字工具的使用与编辑，以及路径查找器的使用技巧。最终效果如图 4-1 所示。

图 4-1　第厄普风筝的首都

项目四　文字的编辑与制作

操作步骤

**步骤 1**　新建文档。选择"文件/新建"命令(或使用快捷键 Ctrl＋N)，弹出"新建文档"对话框后，如图 4-2 所示进行设置与操作。

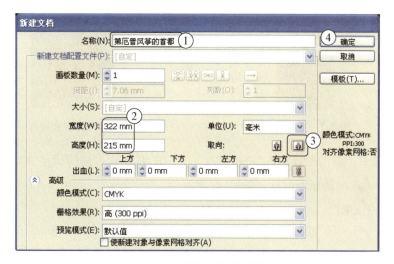

图 4-2　新建文档对话框

**步骤 2**　置入文件。选择"文件/置入"命令，系统弹出"置入"对话框，打开资源包中的素材文件"项目四\素材\天空.jpg"，然后单击"置入"，如图 4-3 所示。

图 4-3　"置入"对话框

**步骤 3**　选中图片，选择菜单栏"对象/锁定/所选对象"命令。

**步骤 4**　绘制图形 1。

(1) 单击工具栏的"矩形工具"按钮　 (或按快捷键 M)，单击一点指定矩形左上角所在的位置，系统弹出"矩形"对话框，指定宽度 21.65 mm 和高度 20.75 mm，然后单击"确定"，如位置不满意，可使用"选择工具"调整位置，如图 4-4 所示。

·113·

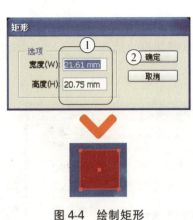

图 4-4　绘制矩形　　　　　图 4-5　改变图形

（2）改变图形。单击工具栏的"直接选择工具"按钮 ▶（或按快捷键 A），单击矩形的右下角锚点，拖动锚点调整矩形形状，如图 4-5 所示。

步骤 5　创建图形 2。

（1）使用"选择工具"或"直接选择工具"选取图形并按住键盘 Alt 键，将图形进行复制移动（或使用键盘 Ctrl＋C（复制）和 Ctrl＋V（粘贴））创建图形 2，最后使用"选择工具"调整图形的位置，如图 4-6 所示。

（2）选中图形 2，选择"窗口/色板"命令或在控制面板中单击"填色"下拉按钮 ▢▼，系统弹出色板面板后，单击右上角的"土黄色"色块填充，如图 4-7 所示。

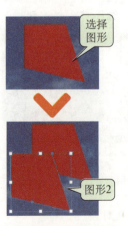

图 4-6　创建图形 2 并调整位置

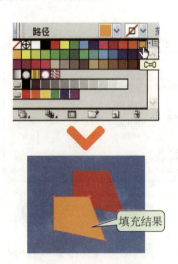

图 4-7　填充颜色

步骤 6　创建图形 3。使用相同的复制方法创建图形 3，如图 4-8 所示。

步骤 7　使用"选择工具"框选图形 1、2，如图 4-9 所示，接着选择菜单栏"窗口/路径查找器"命令（或按快捷键 Shift＋Ctrl＋F9），弹出"路径查找器"对话框后，单击"减去后方对象"按钮，如图 4-10 所示。

图 4-8　创建图形 3

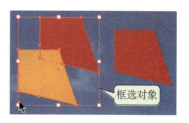
图 4-9　框选图形对象

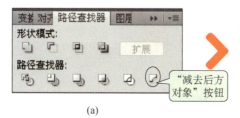
(a)

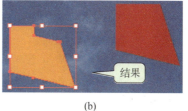
(b)

图 4-10　切割图形

步骤 8　创建图形 4 并调整图形的位置。

（1）如步骤 4 的操作方法，选择图形 2 后，复制创建图形 4 并移动至如图 4-11 所示的位置。

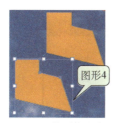
图 4-11　创建并移动图形 4

图 4-12　改变颜色并调整位置

（2）使用"选择工具"选择图形 4，再选择菜单栏"窗口/色板"命令（或在控制面板中单击"填色"下拉按钮，系统弹出"色板"面板后，单击"CMYK"黄色块填充，再调整图形位置，结果如图 4-12 所示。

步骤 9　创建路径文字。

（1）创建文字路径 1。单击工具栏的"钢笔工具"按钮（或按快捷键 P），在绘图区适当位置处单击建立锚点，完成路径创建，如图 4-13 所示。

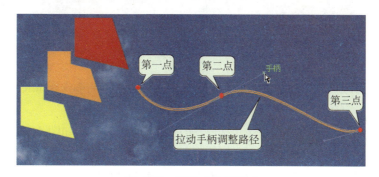
图 4-13　创建文字路径 1

(2) 设置文字格式。单击工具栏"文字工具" T (或"路径文字工具"按钮），激活工具后，单击路径，再单击控制面板中的 字符 按钮，系统弹出"字符"面板，如图 4-14 所示进行设置。

图 4-14　设置"字符面板"

图 4-15　单击路径输入文字

(3) 返回路径，输入英文"Dieppe capital of kites"，如图 4-15 所示。

(4) 刚输入的英文在选取状态下时，选择菜单栏"文字/路径文字/路径文字选项"，系统便弹出"路径文字选项"对话框，如图 4-16 所示进行操作。

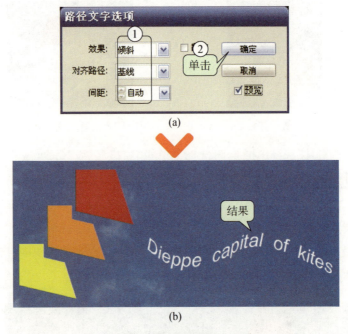

图 4-16　修改路径文字效果

步骤 10　继续使用上述方法，绘制路径 2 并输入文字"Dieppe capitale du cerf-volant"，如图 4-17 所示。

步骤 11　继续绘制路径 3 并输入文字"第厄普风筝的首都"，如图 4-18 所示。

步骤 12　修改中文字符格式。选中中文文字，在"字符"面板中选择字体 华康少女文字W5(P)，同时要注意文字的位置和间距的调整，也可以用空格键调整间距。

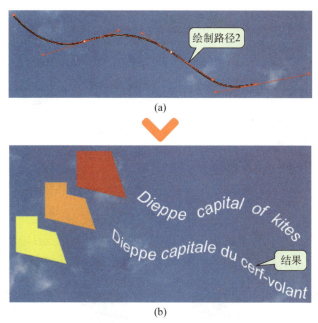

图 4-17　创建路径 2 及文字

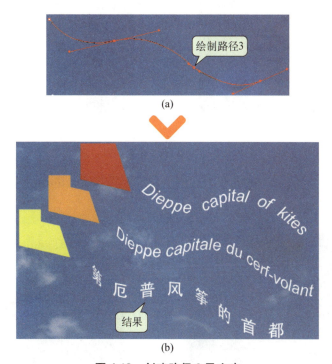

图 4-18　创建路径 3 及文字

步骤 13　创建点文字。

(1) 单击工具栏"文字工具"按钮 T (或按快捷键 T),在背景图片的右上角处单击,激活文字工具后,单击控制面板中的 字符 按钮,系统弹出"字符"面板,如图 4-19 所示进行设置;接着单击控制面板中的 段落 按钮,系统弹出"段落"面板后,如图 4-20 所示进行设置。

图 4-19 设置"字符面板"

图 4-20 设置"段落面板"

（2）返回绘图区上光标插入点处，输入 6 行文本，如图 4-21(a)所示；接着选择数字 12，再在控制面板的"字体大小"下拉按钮中选择"36pt"，同理完成其他数字大小调整，结果如图 4-21(d)所示。

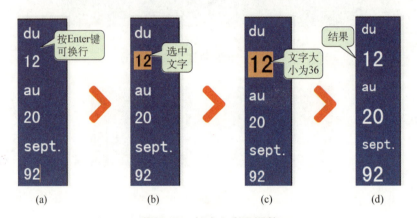

图 4-21 创建文字及调整

（3）继续使用"文字工具"，在右下角输入文字"7′ festival international"，文字大小为"21pt"，文字类型为"繁黑体"，如图 4-22 所示。

图 4-22 输入文字

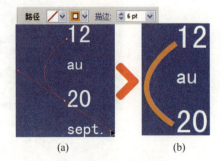

图 4-23 圆弧的创建

步骤 14　绘制圆弧。单击工具栏的"钢笔工具"按钮 ![pen] （或按快捷键 P），接着在"控制面板"中设置路径的填色、描边属性，再在如图 4-23 所示的位置绘制圆弧。

步骤 15　最后，整体效果如图 4-1 所示。

## 任务二  绘制印章

本任务将通过制作印章,学习运用椭圆工具和文字工具输入文字和绘制图形。最终效果如图 4-24 所示。

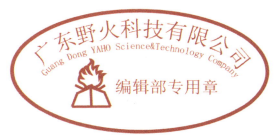

图 4-24  印章

步骤1  打开素材文件。启动 Illustrator CS5,选择"文件/打开"命令,弹出打开文件对话框后,选择"印章素材",然后单击"打开",如图 4-25 所示。

图 4-25  打开素材文件

步骤2  创建印章的最大外轮廓。

(1) 使用"椭圆工具"单击画板空白处,弹出椭圆对话框,输入宽度 73 mm,高度 36 mm,单击"确定",如图 4-26 所示。

图 4-26  创建大椭圆

(2) 单击控制面板,修改椭圆的填充和描边,如图 4-27 所示。

步骤 3　同理使用"椭圆工具"创建另两个小椭圆,宽度都为 56 mm,高度都为 23 mm,如图 4-28 所示。

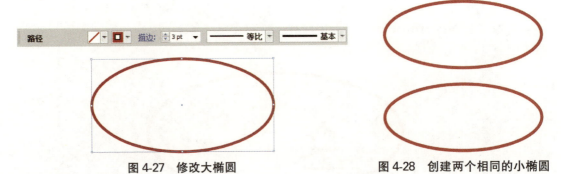

图 4-27　修改大椭圆　　　　　　　图 4-28　创建两个相同的小椭圆

步骤 4　使用"选择工具",按住 Shift 键,选取一个大椭圆和一个小椭圆,然后单击控制面板的"水平居中对齐"按钮和"垂直居中对齐"按钮,对两个椭圆进行位置调整,如图 4-29 所示。

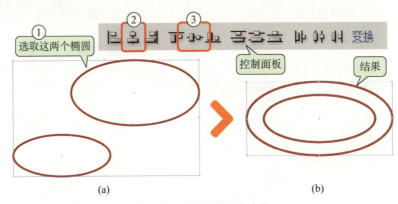

图 4-29　调整椭圆的位置

步骤 5　使用"路径文字工具"单击小椭圆,然后单击控制面板设置文字的颜色、描边、字体和大小等,再回到路径上输入文字"广东野火科技有限公司",如图 4-30 所示。

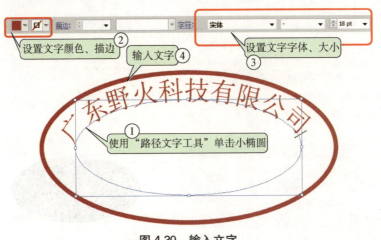

图 4-30　输入文字

步骤6　调整文字。使用"选择工具"单击路径文字,显示起点和终点的标记,然后将鼠标放于起点标记上,当旁边出现小图标┣时,按住鼠标左键拖拽文字到所需的路径位置,结果如图4-31所示。

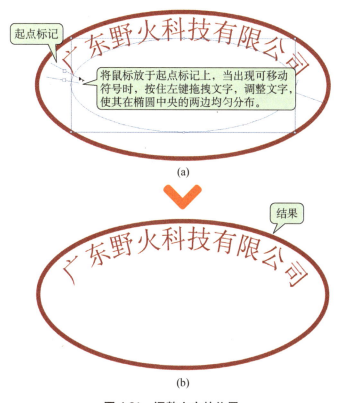

图4-31　调整文字的位置

步骤7　再次使用"路径文字工具"单击另一个小椭圆路径,在控制面板上设置文字的格式,再回到路径上输入文字"Guang Dong YAHO Science & Technology Company",如图4-32所示。

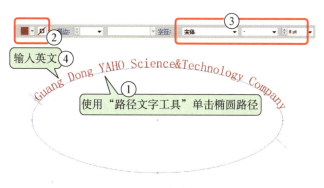

图4-32　创建路径文字

步骤 8　使用"选择工具"移动英文文字"Guang Dong YAHO Science & Technology Company"到中文文字的下方,如图 4-33 所示。

图 4-33　移动文字

步骤 9　使用"选择工具"单击英文文字,显示出路径的起点和终点的标记,然后将鼠标放于起点标记上,按住鼠标左键拖拽文字到合适位置,如图 4-34 所示。

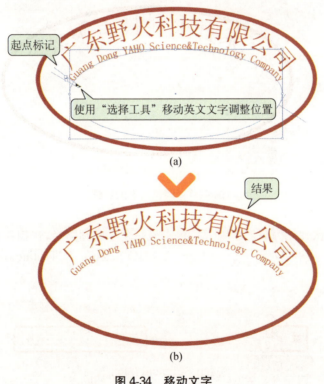

图 4-34　移动文字

步骤 10　使用"选择工具"将"印章素材",即野火科技的标志移动到英文下方,如图 4-35 所示。

步骤 11　使用"文字工具"在野火标志右边单击,输入文字"编辑部专用章",如图 4-36 所示。

步骤 12　使用"选择工具"选择图形和文字,移动调整到更合适的位置上,结果如图 4-24 所示。

项目四　文字的编辑与制作

图 4-35　移动标志图案

图 4-36　输入文字

## 任务三　排版设计：酒文化

本任务通过排版设计，学习文字工具的使用与编辑，以及文字串接与文字绕排的使用技巧。最终效果如图 4-37 所示。

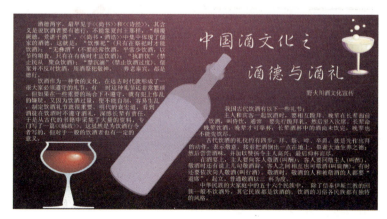

图 4-37　宣传：酒文化

操作步骤

步骤1  打开素材文件。启动 Illustrator CS5，选择"文件/打开"命令，弹出打开文件对话框后，找到资源包中"项目四\素材\宣传:酒文化.ai"素材，然后单击"打开"，如图4-38所示。

图4-38  打开素材文件

步骤2  置入素材文件。选择"文件/置入"命令，系统弹出"置入"对话框，找到资源包中的 Word 文档素材文件"传统的饮酒文化根基——酒德和酒礼.doc"，单击"置入"，如图4-39所示。

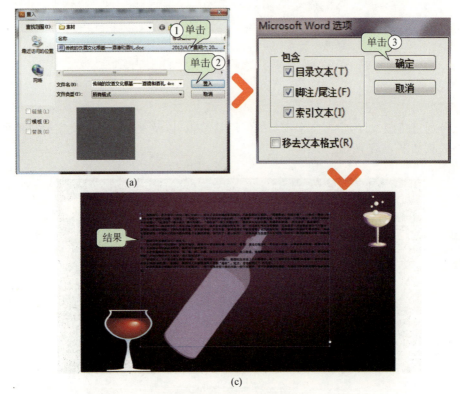

图4-39  置入素材文件

步骤3 修改文本对象的设置。在控制面板上对文本对象的填充、字体和大小等进行修改设置,结果如图4-40所示。

图4-40 修改文本对象的设置

步骤4 调整文本位置。使用"选择工具"调整文本对象的位置和文本框大小,结果如图4-41所示。

图4-41 调整文本

步骤5 绘制矩形。使用"矩形工具"单击画板右下角进行绘制,如图4-42所示。

图4-42 绘制矩形

步骤6 执行文本串接命令。使用"选择工具",按住 Shift 键选取矩形和文本对象,然后选择菜单栏"文字/串接文本/建立"命令,如图 4-43 所示。

图 4-43 执行"串接文本"命令

步骤7 调整图形摆放。使用"选择工具"选取"酒瓶",然后选择菜单栏"对象/排列/置于顶层"命令,如图 4-44 所示。

图 4-44 调整图形的摆放

步骤8  执行文字绕排命令。在"酒瓶"被选中的状态下,选择菜单栏"对象/文字绕排/建立"命令,如图4-45所示。

图4-45  执行"文字绕排"命令

步骤9  输入标题。

(1) 使用"文字工具"单击画板右上角位置,然后在控制面板设置文字的填充、格式和大小等,再回到画板输入"中国酒文化之酒德与酒礼",如图4-46所示。

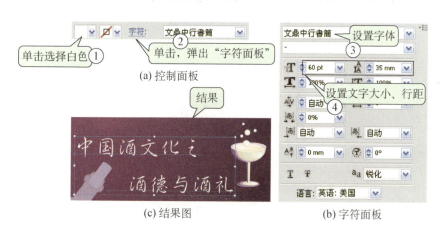

图4-46  输入文字

> **提示**
> 激活"文字工具"时,要先单击画板,才能在控制面板设置文字格式。

(2) 同理输入"野火川酒宣传部",如图4-47所示。

步骤10  稍作位置与文字调整,最后结果如图4-48所示。

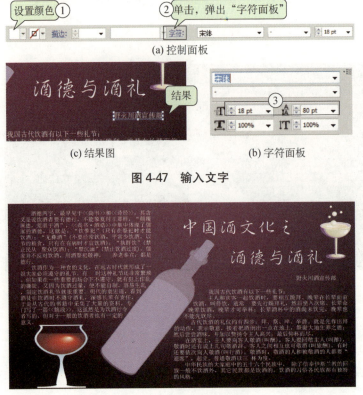

图 4-47　输入文字

图 4-48　调整文字位置

# 相关知识与技能

## 一、文字工具图解

Illustrator CS5 提供了 6 种不同的文字工具，在工具栏中的"文字工具"按钮 T 处，按下鼠标左键不放，会弹出相关工具选项，再将鼠标光标移至所需的命令处，松开鼠标便可激活，如表 4-1 图解中所示。

表 4-1　文字工具命令简介

| 名称 | 图标 | 快捷键 | 简介 | 图解 |
|---|---|---|---|---|
| 文字工具 | T | T | 创建单独的文字和文字容器，并允许输入和编辑文字 | 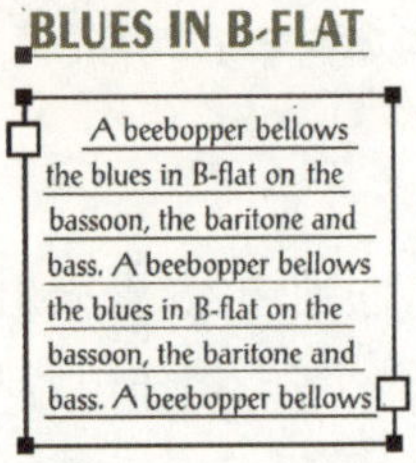 BLUES IN B-FLAT<br>A beebopper bellows the blues in B-flat on the bassoon, the baritone and bass. A beebopper bellows the blues in B-flat on the bassoon, the baritone and bass. A beebopper bellows |

续表

| 名称 | 图标 | 快捷键 | 简介 | 图解 |
|---|---|---|---|---|
| 区域文字工具 | T | 无 | 用于将封闭路径改为文字容器，并允许在其中输入和编辑文字 | |
| 路径文字工具 | | 无 | 用于将路径更改为文字路径，并允许在其中输入和编辑文字 | |
| 直排文字工具 | IT | 无 | 用于创建直排文字和直排文字容器，并允许在其中输入和编辑直排文字 | |
| 直排区域文字工具 | T | 无 | 用于将封闭路径更改为直排文字容器，并允许在其中输入和编辑文字 | |
| 直排路径文字工具 | | 无 | 用于将路径更改为直排文字路径，并允许在其中输入和编辑文字 | |

# 平面设计 Illustrator CS5

## 二、使用文字工具创建文本

创建文本分为创建点文字、区域文字、路径文字三种方法。

在创建所有类型文本中,在需换行的地方按 Enter 键即可。输入完文本后,按下 Ctrl 键并单击文本可结束该文本的输入。

### 1. 创建点文字

点文字:从单击位置开始,并随着字符输入沿水平或垂直线扩展的文本,对其编辑时,该行将扩展或缩短,但不会换行。适用于在图稿输入少量文本的情况下使用。

点文字输入包括"文字工具"和"直排文字工具"两种输入方式。

**(1) 文字工具**

单击工具栏的"文字工具"按钮 T (或按快捷键 T),鼠标光标显示为 I,再单击文本行的起始位置(即插入点),画板上出现闪烁的光标,便可输入文本,如图4-49所示。

> **提示**
> 请注意不要单击现有对象,因为这样会将文字对象转换成区域文字或路径文字。如果现有对象恰好位于您要输入文本的地方,请先锁定或隐藏该对象。

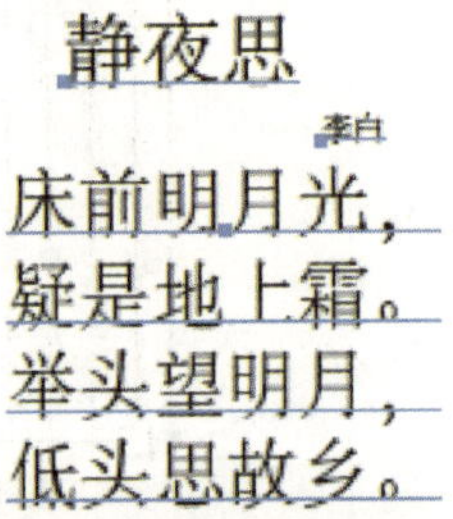

图 4-49　横排文字输入 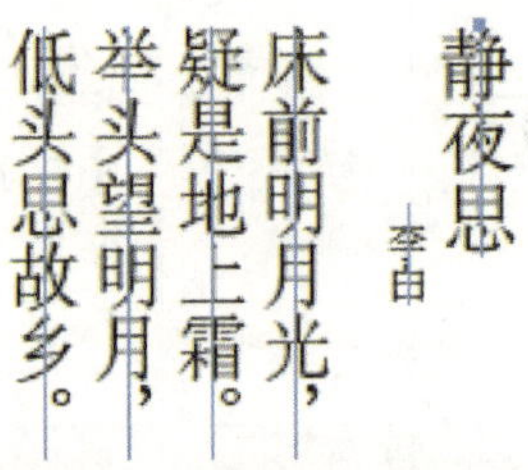　　　　图 4-50　直排文字输入

**(2) 直排文字工具**

"直排文字工具" T 用于从某点输入直排文字或创建直排文字区域,与"文字工具" T 用法相似,只是文字方向不同,如图4-50所示。

选择"直排文字工具",鼠标光标显示为 ↔,单击画板输入即可。

### 2. 创建区域文字

区域文字(也称为段落文字)是利用对象边界来控制字符排列(既可横排,也可直排)。当文本触及边界时,会自动换行,以落在所定义区域的外框内。适用于宣传单之类的印刷品,即创建包含一个或多个段落文本时使用。

文字工具、直排文字工具、区域文字工具、直排区域文字工具都可创建封闭路径的区域文字;若对象为开放路径,则必须使用"区域文字工具"来定义边框区域。

**(1) 使用文字工具直接定义文字区域**

使用"文字工具"或"直排文字工具",在画板上拖动出一个矩形区域(即文字区域),然后输入文本,如图 4-51 所示。

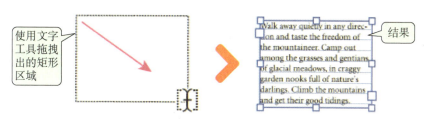

图 4-51 直接定义文字区域

(2) 将封闭/开放路径转换为文字区域

先绘制要用作边框区域的对象路径,再使用"文字工具"或"直排文字工具"、"区域文字工具"、"直排区域文字工具",单击对象路径上的任意位置(会自动删除对象的描边或填色属性),如图 4-52 所示。

> **提示**
> 如果对象为开放路径,则必须使用"区域文字工具"来定义边框区域。Illustrator 系统会在路径的端点之间绘制一条虚构的直线来定义文字的边界,如图 4-53 所示。

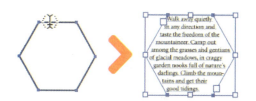

图 4-52 在封闭区域输入文本

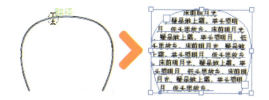

图 4-53 在开放区域输入文本

### 3. 创建路径文字

路径文字是指沿着开放或封闭的路径排列的文字。水平输入文本时,字符的排列会与基线平行。垂直输入文本时,字符的排列会与基线垂直。

(1) 沿路径创建横排文本

绘制路径对象,接着单击工具栏"文字工具"或"路径文字工具"按钮,激活所需的工具,再在路径上单击,然后输入文字,如图 4-54 所示。

图 4-54 沿路径创建横排文本

### (2) 沿路径创建直排文本

绘制路径对象,接着单击工具栏"直排文字工具"或"直排路径文字工具"按钮,激活所需的工具,再在路径上单击,然后输入文字,如图4-55所示。

图4-55  沿路径创建直排文本

**提示**

如果路径为封闭路径而非开放路径,则必须使用路径文字工具创建文字。

### 三、编辑文本

#### 1. "区域文字选项"的设置

选取区域文本对象后,选择菜单栏"文字/区域文字选项"命令,系统弹出"区域文字选项"对话框,如图4-56所示。

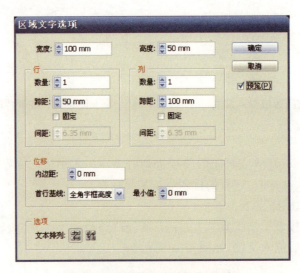

图4-56  "区域文字选项"对话框

#### (1) 内边距

内边距可以控制文本和边框路径之间的边距,如图4-57所示。

#### (2) 首行基线

首行基线位移可控制第一行文本与对象顶部的对齐方式。在"区域文字选项"对话框中单击"首行基线"下拉按钮,便弹出多个选项,如图4-58所示。

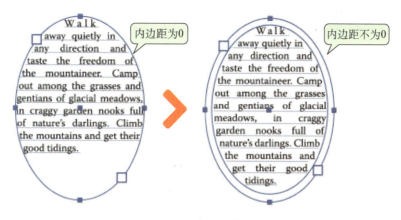

图 4-57 内边距参数

图 4-58 首行基线的选项

(3) 区域文字分栏

"区域文字选项"可以在区域文字对象内部设置文本行和文本列,实现分栏效果。

> **提示**
> 在对话框的"选项"部分中,选择"文本排列"选项以确定行和列间的文本排列方式:"按行,从左到右"按钮 或"按列,从左到右"按钮 ,如图 4-59 所示。

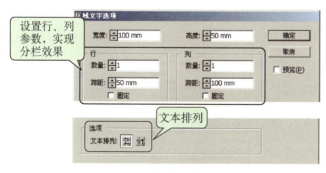

图 4-59 行与列的选项

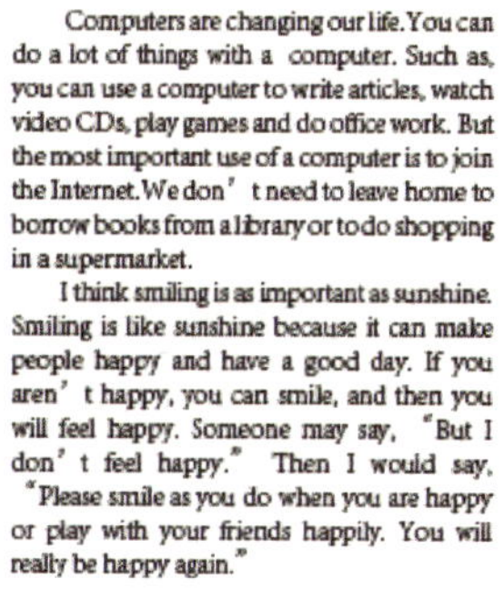

图 4-60 分栏素材

### 设置文字分栏

打开资源包中的素材"项目四\素材\分栏.ai"文件,如图 4-60 所示。

① 设置"行"选项进行分栏,如图 4-61 所示。

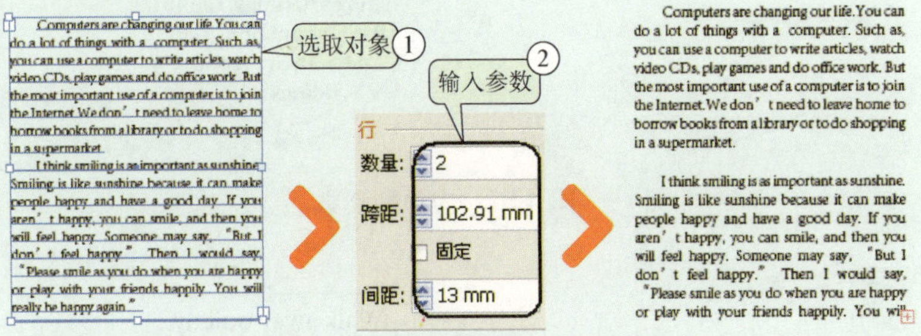

图 4-61 "行"选项进行分栏

② 设置"列"选项进行分栏,如图 4-62 所示。

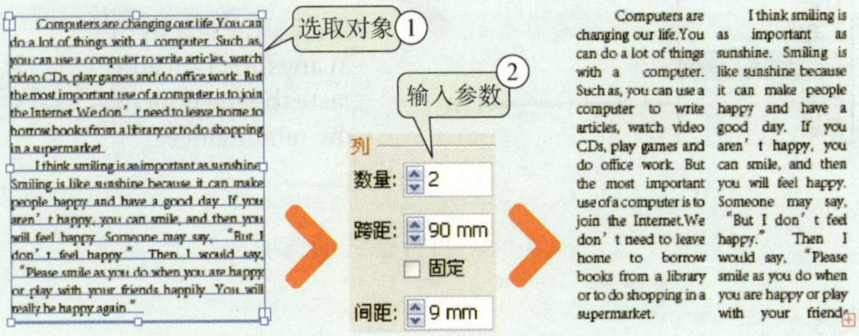

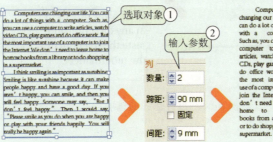

图 4-62 "列"选项进行分栏

### 2. 调整文本区域的大小

根据创建的点文字、区域文字或沿路径文本的不同类型,用不同的方式调整文本大小。使用"选择工具"选择文字对象,然后拖动边界框上的手柄。

① 区域文本中的红色加号表示文本超过区域容许量,这些不可见文本称为溢流文本。

文本超过区域的部分,可使用"选择工具"调整文本区域的大小或扩展路径来显示,如图 4-63 所示。

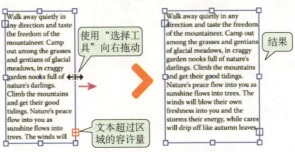

图 4-63 调整文本区域的大小

② 使用"直接选择工具"选择文字路径的边缘或角,然后拖动以调整路径的形状,如图4-64所示。

图 4-64　调整区域形状

③ 使用"选择工具"选取文字对象,再选择菜单栏"文字/区域文字选项"命令,弹出"区域文字选项"对话框,输入"宽度"和"高度"值,然后单击"确定"。

### 3. 文本串接

文本串接是从一个对象串接到下一个对象,链接的文字对象可以是任何形状,但必须为区域文本或路径文本,输出连接点中的红色加号表示有溢流文本,如图 4-65 所示。

● 手动链接现有对象:使用"选择工具"选取区域文字对象,单击输入连接点或输出连接点,指针显示为已加载文本的图标 ,将

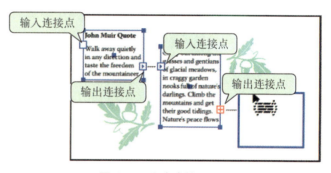

图 4-65　文本串接

光标置于对象的路径之上,再单击路径以链接对象。

● 手动链接新对象:同样,选取区域文字对象,并单击连接点,指标显示为已加载文本图标后,在画板上的空白部分单击或拖动,单击操作会创建与原始对象具有相同大小的矩形对象。

● 在对象之间串接文本:选择一个区域文字对象,按住 Shift 键同时选择要串接到的一个或多个对象,然后选择菜单栏"文字/串接文本/创建"命令。

删除或中断串接的方法如下:

● 中断对象间的串接:双击串接任一端的连接点,文本将都排列到第一个对象中。

● 要从文本串接中释放对象:选择菜单栏"文字/串接文本/释放所选文字"命令,文本将排列到下一个对象中。

● 要删除所有串接:选择菜单栏"文字/串接文本/移去串接"命令,文本将保留在原位置。

### 4. 文本绕排

文本绕排是将区域文本绕排在任何对象的周围,其中包括文字对象、导入的图像以及在 Illustrator 中绘制的对象。如果绕排对象是嵌入的位图图像,则会在不透明或半透明的像素周围绕排文本,而忽略完全透明的像素。

绕排是由对象的堆叠顺序决定的，可以在"图层"面板中单击图层名称旁边的三角形查看堆叠顺序。要在对象周围绕排文本，绕排对象必须与文本位于相同的图层中，并且在图层层次结构中位于文本的正上方，可以在"图层"面板中将内容向上或向下拖移以更改层次结构，如图 4-66 所示。

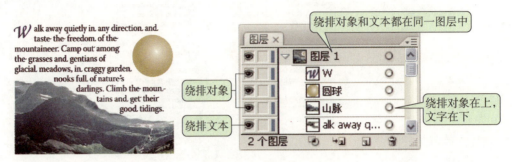

图 4-66　文本绕排

（1）建立绕排文本

确保要绕排的文字满足以下条件：
- 该文字是区域文字(在输入框中键入)。
- 该文字与绕排对象位于相同的图层中。
- 该文字在图层层次结构中位于绕排对象的正下方。

使用"选择工具"选取一个或多个要绕排文本的对象，再选择菜单栏"对象/文本绕排/建立"命令。

> **提示**
>
> 如果图层中包含多个文字对象，请将不希望绕排的文字对象转移到其他图层中或是放在绕排对象上方。

（2）设置绕排选项

选择绕排对象后，选择菜单栏"对象/文本绕排/文本绕排选项"命令，选项说明如下：

位移：正值或负值，用于设置文本和绕排对象之间的间距大小。

反向绕排：围绕对象反向绕排文本。

（3）取消文本绕排

选择绕排对象后，选择菜单栏"对象/文本绕排/释放"命令即可。

### 四、"路径文字选项"的使用

使用"路径文字选项"可对路径文本进行编辑。选择菜单栏"文字/路径文字/路径文字选项"命令，系统弹出"路径文字选项"对话框，如图 4-67 所示。

**1. 对路径文字应用效果**

在路径上创建文字后，单击"路径文字选项"中的"效果"下拉按钮，选择不同类型的效果，如图 4-68 所示。

项目四　文字的编辑与制作

图 4-67　"路径文字选项"对话框　　　　图 4-68　路径文字效果

### 2. 沿路径移动或翻转文字

**（1）沿路径移动文字**

使用"选择工具"选取路径文字对象，将鼠标光标置于文字的起点标记上，当旁边出现小图标┣时，按住鼠标左键拖拽到所需的路径位置上，如图 4-69 所示。

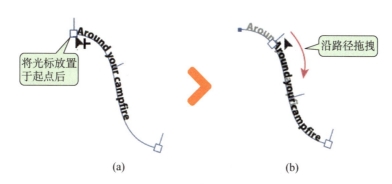

图 4-69　沿路径移动文字

**（2）沿路径翻转文字**

使用"选择工具"选取路径文字对象，将鼠标光标置于文字的中点标记上，当旁边出现小图标⊥时，按住鼠标左键向所需的方向拖拽，如图 4-70（a）所示；或在"路径文字选项"对话框，勾选"翻转"，如图 4-70（b）所示。

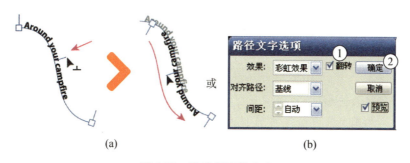

图 4-70　沿路径翻转文字

### 3. 调整文字对齐路径

选择路径文字后,单击"路径文字选项"中的"对齐路径"下拉按钮,选择不同类型的对齐方式,以下为各种对齐的说明:
- 基线:沿基线对齐,这是默认设置。
- 字母上缘:沿字体上边缘对齐。
- 字母下缘:沿字体下边缘对齐。
- 居中:沿字体字母上、下边缘间的中心点对齐。

### 4. 调整路径锐利转角处的字符间距

当字符围绕尖锐曲线或锐角排列时,字符之间可能因转角过于锐利出现额外的间距,如图 4-71(a)所示,可在"路径文字选项"中的"间距"下拉按钮中设置参数进行调整,如图 4-71(b)所示。

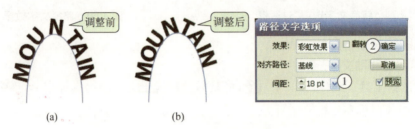

图 4-71　调整路径字符间距

### 五、将文字转换为轮廓

将文字转换为一组复合路径或轮廓后,可以对其进行编辑和处理,使文字的外观更有特色。

使用"选择工具"选取文字对象,再选择菜单栏"文字/创建轮廓"命令,然后使用工具栏的"直接选择工具"拖拽锚点到合适位置,如图 4-72 所示。

图 4-72　创建变形文字

> **提示**
> 将文字转换为轮廓,必须转换一个选区中的所有文字,而不能只转换文字字符串中的单个字母。如果要将单个字母转换为轮廓,可先创建一个只包含该字母的单独文字对象,然后再进行转换。

## 六、设置文字格式

使用任何一种文字工具在文档中输入文字后,将需编辑的文字对象选中,再修改其文字的格式,但已栅格化的文字就不可以再进行编辑和修改了。

文字格式主要包括对文字应用不同的字体、字体大小、行距、字距、填色、描边、透明设置、效果和图形样式,通过设置这些属性来改变文字对象的颜色与外观。

设置文字格式途径为:选择菜单栏"文字/字符"命令或单击控制面板中的 字符 按钮,系统便弹出"字符"面板,如图4-73所示。

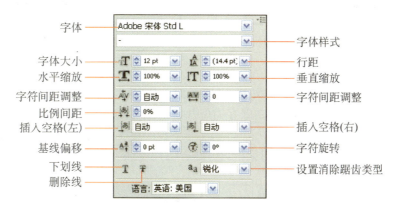

图4-73 字符面板

当文字或文字工具处于使用状态中时,也可以使用控制面板中的选项来设置字符格式,如图4-74所示。

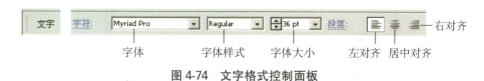

图4-74 文字格式控制面板

## 七、导入与导出文字

### 1. 导入文字

**(1) 将文本导入到现有文件中**

选择菜单栏"文件/置入"命令,系统弹出"置入"对话框,再选择要导入的文本文件,然后单击"置入"。

**(2) 置入Word文档**

如果置入Word文档,会弹出"Microsoft Word选项"对话框,如图4-75所示。勾选"移去文本格式"可将其作为纯文本置入,单击"确定"即可将文本导入。

**(3) 置入纯文本**

如果置入的是纯文本(.txt格式)文档,会弹出"文本导入选项"对话框,如图4-76所示。其中,"额外回车符"选项用来确定Illustrator在文件中如何处理额外的回车符;如果Illustrator要用制表符替换文件中的空格字符串,需在"额外空格"选项中勾选"替换",并输入要用制表符替换的空格数。

图4-75 "Microsoft Word选项"对话框

图4-76 "文本导入选项"对话框

## 2. 导出文字

使用"文字工具"选取要导出的文本,再选择菜单栏"文件/导出"命令,系统弹出"导出"对话框后,选择文件要保存的位置和"保存类型"(如:文本格式".txt"),然后输入文件名称并单击"保存",如图4-77所示。

接着系统弹出"文本导出选项"对话框,选择默认的平台和编码方法即可,然后单击"导出"。

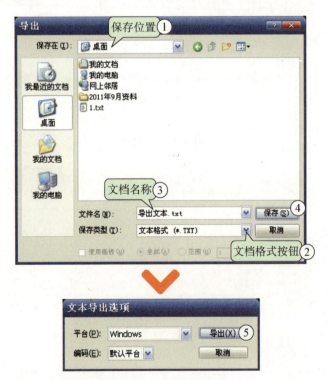
图4-77 导出对话框

## 八、安装其他文字

在实际工作中,往往系统提供的字体不够用,或是需要使用其他特殊字体,这种情况下,可以在网上下载所需的字体,或打开资源包中的"项目四\素材\Fonts"文件夹,然后按如下步骤进行安装。

步骤1　单击"开始"菜单,选择"设置/控制面板",系统弹出"控制面板"视图,如图4-78所示。

> **提示**
> 如果"控制面板"没显示"字体"图标,可单击 切换到经典视图 按钮便可。

图 4-78　控制面板

步骤2　双击"控制面板"窗口中的"字体"图标,系统弹出"字体"窗口,如图 4-79 所示。

图 4-79　字体窗口

步骤3 选择菜单栏"文件/安装新字体"命令,系统弹出"添加字体"对话框后,选择字库所在的驱动器及文件夹,系统会自动搜索其中的字体,并在字体列表中显示出来,如图4-80所示。

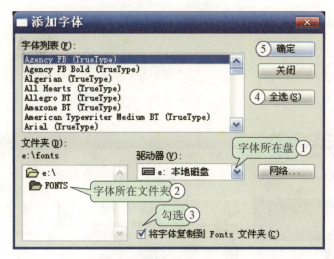

图4-80 "添加字体"对话框

步骤4 按住键盘上的Ctrl键选择需要安装的多种字体,或者单击"全选"按钮,如果希望将字体复制到系统的Fonts文件夹,则勾选"将字体复制到Fonts文件夹"复选框,然后单击"确定"按钮即可安装。安装完毕,就可以在Illustrator CS5的字体列表中找到并使用这些字体。

## 小 结

本项目全面介绍了Illustrator CS5中输入文字与文字排版的方法。学习了本项目后,应该掌握以下主要内容:

1. 熟练使用各种类型的文字工具,并能区别各自的功能。
2. 掌握导入、导出及安装文字的方法。
3. 熟悉设置段落格式与文字格式的方法。
4. 掌握如何沿路径输入文字,以及使用"路径文字选项"对话框。
5. 掌握文字串接、文本绕排的操作方法。
6. 掌握通过创建文字轮廓来制作艺术文字的技巧。

# 项目五　图层与透明度

本项目讲述在 Illustrator CS5 中图层与透明度面板的使用。

图层可管理组成图稿的所有项目，如：剪切蒙版、创建子图层等应用。

透明度与混合模式是在设计作品时经常用到的功能。在绘制图稿时，透明度与混合模式的使用，要比填色和描边的表现技法更为高级和美观。掌握了透明度与混合模式的使用技巧，将会在很大程度上增强创作能力，创作更加丰富多彩的作品。

『本项目学习目标』

- 掌握图层基础知识与基本操作方法
- 掌握创建图层、设置图层选项的方法
- 熟练使用图层管理图稿
- 熟练更改对象的不透明度
- 掌握使用与编辑不透明度蒙版的方法
- 掌握混合模式的使用
- 掌握创建透明度挖空组的方法

『本项目相关资源』

| | | |
|---|---|---|
| 资源包 | 素材文件 | 资源包中"项目五\素材"文件夹 |
| | 结果文件 | 资源包中"项目五\结果文件"文件夹 |
| | 录像文件 | 资源包中"项目五\录像文件"文件夹 |

## 任务一　设计字体：彩色玻璃字

本任务将通过彩色玻璃字的制作，学习剪切蒙版的使用技巧，同时练习与巩固上色与复合路径等命令的使用技巧。最终效果如图 5-1 所示。

图 5-1　彩色玻璃字

 操作步骤

步骤1 打开素材文件。选择菜单栏"文件/打开"命令,弹出"打开"对话框,打开资源包中的"项目五\素材\彩色玻璃素材.ai"文件,如图 5-2 所示。

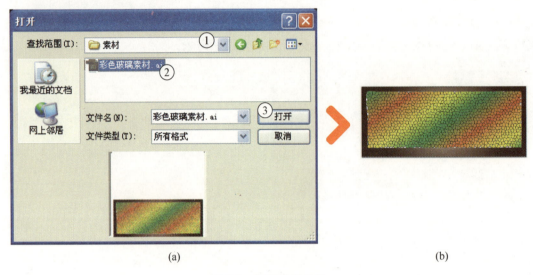

(a)　　　　　　　　　　　　　　　　　　　　(b)

图 5-2　打开素材文件

步骤2 使用"文字工具",在空白处输入文字"彩色玻璃",大小 200 pt,字体为方正粗黑繁体,如图 5-3 所示。

# 彩色玻璃

图 5-3　输入文字

> **提示**
> 如果软件的字体库中没有方正粗黑繁体,可以选取其他差不多粗细的字体来代替。

步骤3 使用"选择工具"选取文字,然后选择菜单栏"对象/扩展"命令,弹出"扩展"对话框,如图 5-4 所示进行设置,然后单击"确定"完成。

步骤4 文字轮廓在选中状态下时,选择菜单栏"对象/路径/简化"命令,弹出"简化"对话框后,设置均为默认参数,然后单击"确定"完成,结果如图 5-5 所示。

步骤5 简化后的文字轮廓在选中状态下时,选择菜单栏"对象/复合路径/建立"命令,结果如图 5-6 所示。

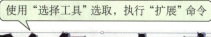

(a)　　　　　　　　　　　　　　　　(b)

图 5-4　执行"扩展"命令

图 5-5　执行"简化"命令

图 5-6　执行"复合路径"命令

步骤 6　使用"选择工具"选取文字,再按住鼠标左键,将文字放置于画板中,结果如图 5-7 所示。

图 5-7　调整位置

步骤 7　在文字选中的状态下,按住 Shift 键再选取彩色玻璃,然后单击鼠标右键,弹出右键菜单,选择"建立剪切蒙版"命令,如图 5-8 所示。

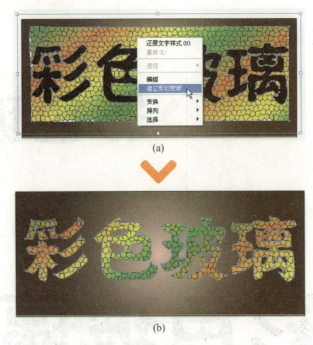

图 5-8 执行"建立剪切蒙版"命令

## 任务二 设计插画：水彩郁金香

本任务将通过水彩郁金香的制作，学习图层的使用技巧，同时回顾与练习画笔及填充等命令的使用方法。最终效果如图 5-9 所示。

图 5-9 水彩郁金香插画

项目五 图层与透明度

 操作步骤

步骤1 新建文件。选择菜单栏"文件/新建"命令,弹出"新建文档"对话框,如图5-10所示。

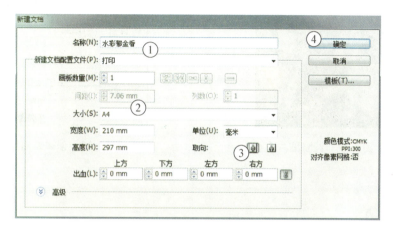

图5-10 新建文件

步骤2 置入文件。选择菜单栏"文件/置入"命令,找到资源包中的素材"郁金香.jpg"的文件路径后,单击"置入",如图5-11所示。

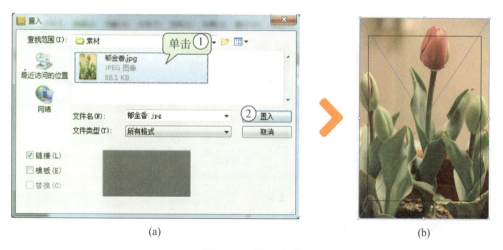

图5-11 置入文件

步骤3 使用"选择工具"对置入的图片进行调整,使图片四角与画板框四角对齐,结果如图5-12所示。

步骤4 创建新图层并锁定图层1。选择菜单栏"窗口/图层"命令,弹出"图层"面板,创建图层2,并锁定图层1,如图5-13所示。

· 147 ·

图 5-12 调整图片大小

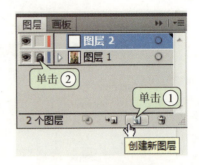

图 5-13 创建新图层

> **提示**
> 使用图层来组织和管理复杂图形的组成元素是十分必要的，因为这样方便在不同图层上对各部分进行独立修改，并方便组织各元素之间的配合。

步骤5 重命名图层。双击"图层"面板中的图层，弹出"图层选项"对话框，进行如图 5-14 所示的操作。

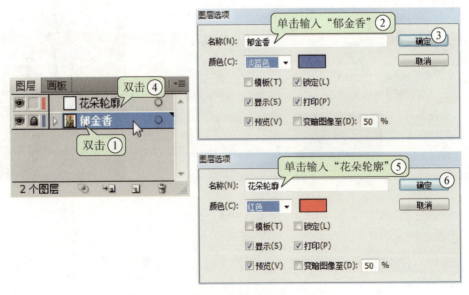

图 5-14 重命名图层

步骤6 创建花朵的水彩画笔。

（1）按快捷键 L 激活"椭圆工具"，单击空白处（在"花朵轮廓"图层内），弹出"椭圆"对话框，输入参数，如图 5-15 所示。

（2）在控制面板上修改椭圆的填充和描边，如图 5-16 所示。

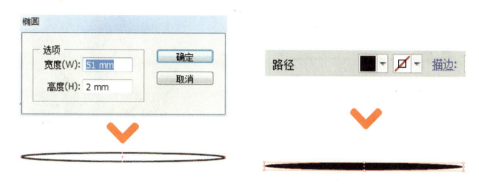

图 5-15　创建椭圆　　　　图 5-16　修改椭圆的填充和描边

（3）选择菜单栏"窗口/画笔"命令，弹出"画笔"面板，然后使用"选择工具"拖动椭圆到"画笔"面板内，弹出"新建画笔"对话框，进行相应的设置操作，如图 5-17 所示。

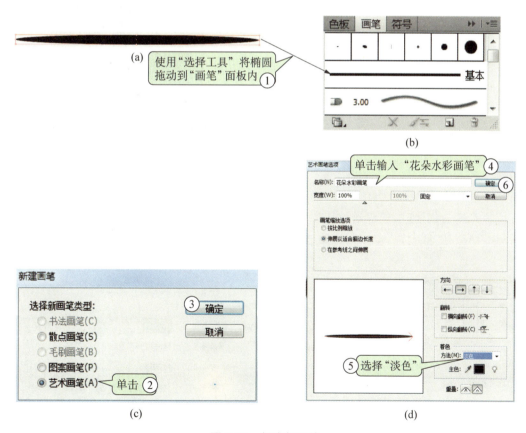

图 5-17　创建新画笔

步骤 7  绘制花的轮廓。单击工具栏中的"画笔工具"（或按快捷键 B）激活，然后单击"画笔"面板的"花朵水彩画笔"图案，调用已经创建好的画笔符号，再回到画板上描绘花朵，如图 5-18 所示。

图 5-18  绘制花朵

步骤 8  创建"水彩背景"图层。再次单击"图层"面板中的"郁金香"图层，隐藏并锁定该图层，然后在"郁金香"图层上创建一个新图层，并重命名为"水彩背景"，如图 5-19 所示。

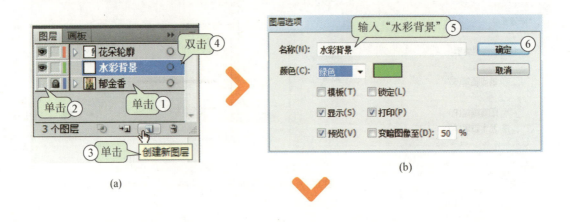

项目五　图层与透明度

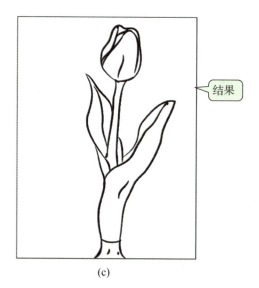

(c)

图 5-19　创建"水彩背景"图层

步骤9　在"水彩背景"图层中创建水彩背景。

（1）使用"铅笔工具" 在花朵的外围绘制相似轮廓路径，然后在控制面板上设置该轮廓路径的填充和描边，如图 5-20 所示。

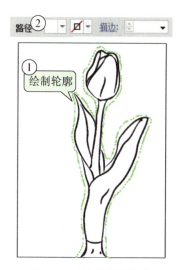

图 5-20　创建背景轮廓

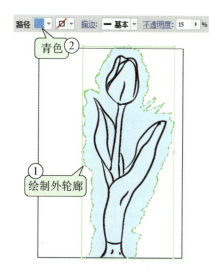

图 5-21　创建背景轮廓

（2）同理，使用"铅笔工具" 在花朵的外围绘制更大的相似轮廓路径，然后在控制面板上设置该轮廓路径的填充和描边，如图 5-21 所示。

（3）调整图层。单击"图层"面板，调整图 5-20 和图 5-21 的两者轮廓图层排序，将图 5-20 的路径放在上面，如图 5-22 所示。

（4）执行"混合"命令。使用"直接选择工具"按住 Shift 键选取创建好的两个外轮廓，然后选择菜单栏"对象/混合/建立"命令，如图 5-23 所示。

（5）同理，继续在外围创建更大的混合背景，如图 5-24 所示。

· 151 ·

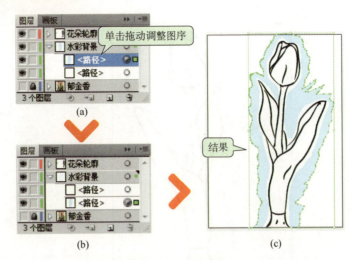

图 5-22 调整图层

图 5-23 执行"混合"命令

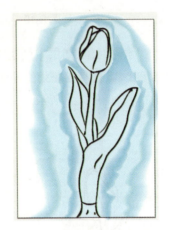

图 5-24 创建外围混合背景

（6）调整图序。将大的混合背景置于小混合背景之下，如图 5-25 所示。

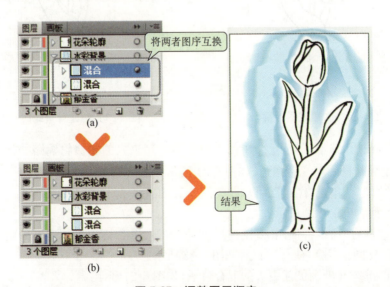

图 5-25 调整图层顺序

步骤10 为花朵添加颜色。

(1) 创建新图层。单击"图层"面板中的"花朵轮廓"图层,然后单击"创建新图层"按钮 ,最后双击重命名为"花朵颜色",如图5-26所示。

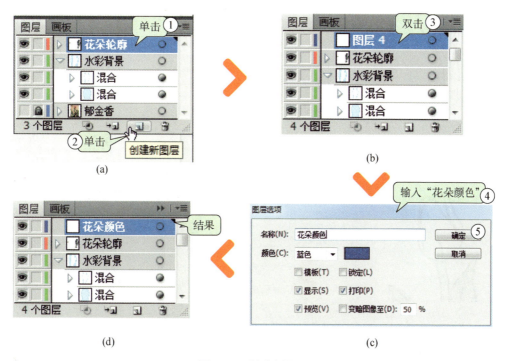

图 5-26 创建新图层

(2) 调整图序。在"图层"面板中,将"花朵颜色"的图层拖动置于"花朵轮廓"图层之下,如图5-27所示。

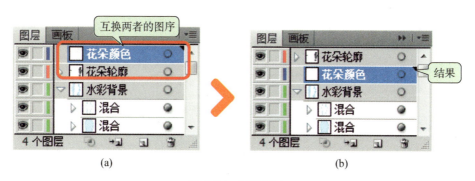

图 5-27 调整图序

(3) 为花朵的叶子填色。在"花朵颜色"图层中使用"铅笔工具",绘制叶子的轮廓路径并修改填充和描边,如图5-28所示。

(4) 同理为花朵的茎填色,如图5-29所示。

(5) 为花朵填色。使用"选择工具"单击花朵的外轮廓,然后选择菜单栏"窗口/渐变"命令,弹出"渐变"面板,如图5-30所示,最终结果如图5-31所示。

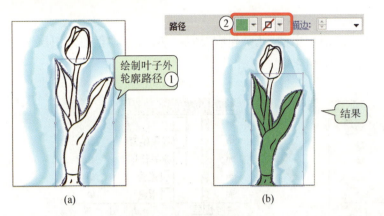

图 5-28　为叶子填充颜色　　　　　图 5-29　为花茎填充颜色

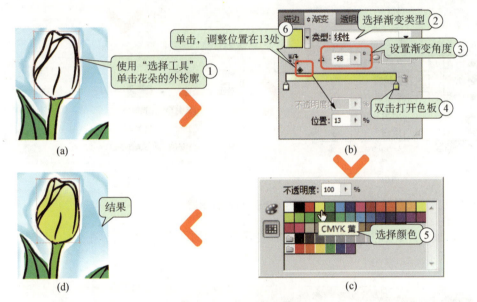

图 5-30　为花朵填色

图 5-31　结果图

# 项目五　图层与透明度

## 任务三　设计图案：炫丽光谱图

本任务通过炫丽光谱图的制作，学习透明度面板的使用方法与技巧，同时回顾和练习旋转和比例缩放等工具的使用技巧。最终效果如图 5-32 所示。

步骤 1　新建文档。选择菜单栏"文件/新建"命令，输入名字，如图 5-33 所示。

步骤 2　绘制矩形。使用"矩形工具"，单击画板空白处，弹出"矩形"对话框，输入宽度为 70 mm，高度为 70 mm，单击"确定"，如图 5-34 所示。

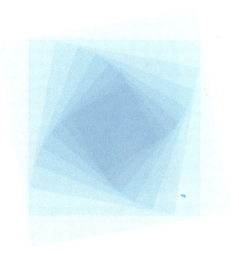

图 5-32　炫丽光谱图

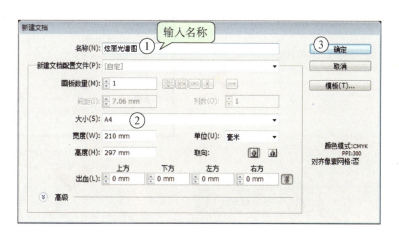

图 5-33　新建文档

(a)　　　　　　　　　　　(b)

图 5-34　绘制矩形

· 155 ·

步骤3  单击控制面板修改矩形的填充和描边,如图 5-35 所示。

图 5-35  修改填充和描边

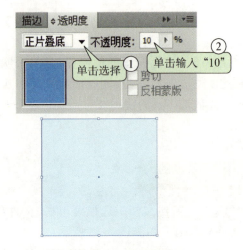

图 5-36  修改透明度

步骤4  选择菜单栏"窗口/透明度"命令,弹出"透明度"面板,进行如图 5-36 所示的操作。

步骤5  使用"旋转工具" 复制和旋转矩形,如图 5-37 所示。

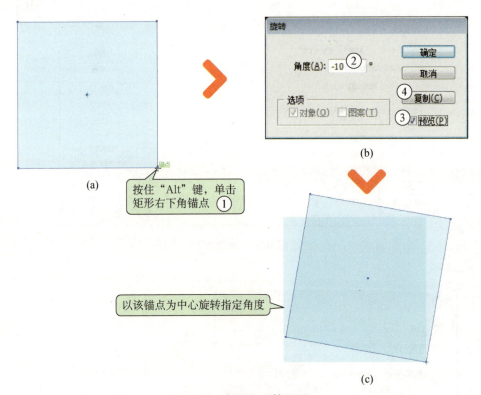

图 5-37  复制和旋转矩形

步骤6  将复本矩形缩小为原来的 85%。使用"比例缩放工具" ,进行如图 5-38 所示的操作。

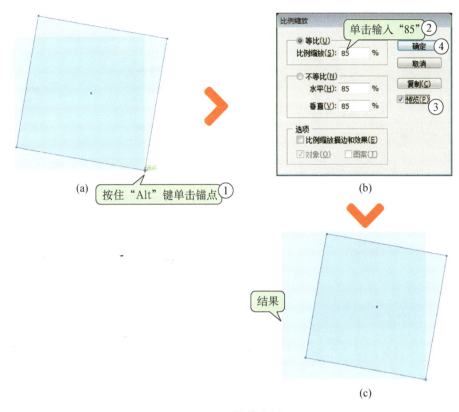

图 5-38 缩放比例

步骤7 同理,重复使用"旋转工具"和"比例缩放工具",操作 6 次,再绘制 6 个矩形,旋转角度和缩放比例参数均为:旋转 −10 度和缩放 85% 的比例,结果如图 5-39 所示。

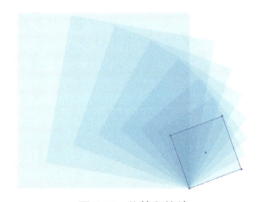

图 5-39 旋转和缩放

**提示**
"旋转工具"和"比例缩放工具"循环使用 7 次,每一次操作都以前一个复本为基础。

步骤8 使用"选择工具"框选所有矩形,然后再单击"旋转工具" 按钮,进行如图5-40所示的操作。

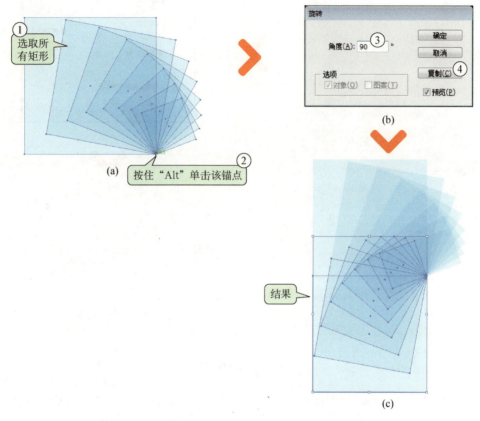

图5-40 复制旋转所有矩形

步骤9 同理,再次使用"旋转工具",以图5-40中的复本为基础,进行复制和旋转;最后,再重复操作一次,旋转的参数一样,结果如图5-41所示。

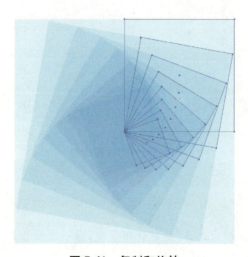

图5-41 复制和旋转

步骤 10　使用"选择工具"框选择所有图形,然后选择菜单栏"对象/变换/旋转"命令,如图 5-42 所示。

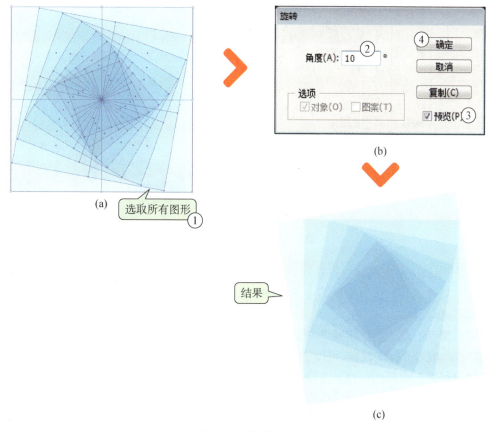

图 5-42　旋转图形

# 相关知识与技能

## 一、"图层"面板概述与使用方法

创建复杂图稿时,Illustrator 可以将组成图稿的所有项目分别放在不同的图层上进行管理。

图层可视为结构清晰的含图稿文件夹,如果重新排序文件夹,则会更改图稿中项目的堆叠顺序。"图层"面板中的每个图层指定唯一的颜色以示区别(最多九种颜色)。此颜色将显示在面板中图层名称的旁边。

当"图层"面板中的项目包含其他子项目时,项目名称的左侧会出现一个三角形。单击此三角形可显示或隐藏内容。如果没有出现三角形,则表明项目中不包含任何其他子项目。

选择菜单栏"窗口/图层"(或按快捷键 F7),系统弹出"图层"面板,面板功能的简要说明如图 5-43 所示。

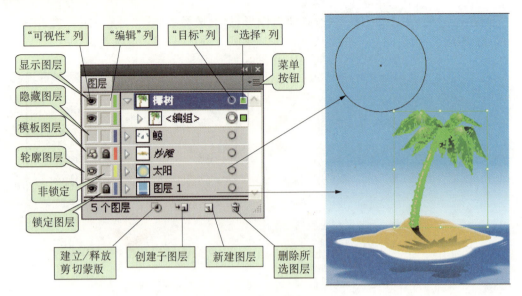

图 5-43 "图层"面板说明

"图层"面板的左右两侧提供控制列,以下为各列的说明:
- "可视性"列:默认为可见图层图标 ,隐藏图层时图标为空白,模板图层为 图标,轮廓图层为 图标。
- "编辑"列:此列为锁定或非锁定的控制。"锁定"状态图标 时,此图层不可编辑;单击为空白后,则为非锁定状态,可以进行编辑。
- "目标"列:双环图标( 或 )时,则此图层对象已被选定;单环 图标,则此图层对象为未被选定。
- "选择"列:指示是否已选定项目。此功能常用于描摹位图图像。当选定项目时,会显示一个颜色框。也可使链接的图像和位图对象变暗,以便轻松地在图像上方编辑图稿。

### 1. "图层选项"对话框的使用

双击"图层"面板中的某一图层,系统弹出"图层选项"对话框,如图 5-44 所示。

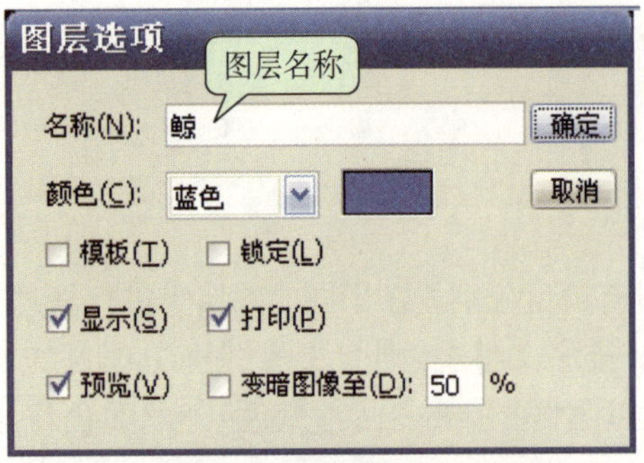

各选项介绍如下:
颜色:选择图层的颜色。
模板:勾选可使图层成为模板图层。
锁定:禁止对项目进行更改。
显示:显示图层中包含的所有图稿。
打印:使图层中所含的图稿可供打印。
预览:显示图层中包含的图稿。
变暗图像至:将图层中的图像的强度降低到指定的百分比。

图 5-44 "图层选项"对话框

### 2. 将对象移动到另一个图层

打开资源包中的素材"将对象移动到另一个图层.ai",选择绘图区的对象,再单击空白的图层 3,然后选择菜单栏"对象/排列/发送至当前图层"命令,如图 5-45 所示。

图 5-45 将对象移动到另一个图层

### 3. 将项目释放到单独的图层

打开资源包中的素材"将项目释放到单独的图层.ai","释放到图层"命令可以将图层中的所有项目重新分配到各图层中,并根据对象的堆叠顺序在每个图层中构建新的对象,如图 5-46 所示。

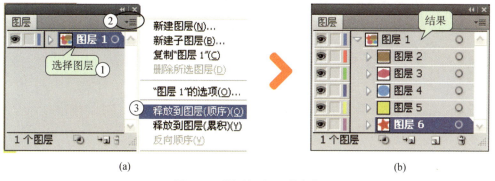

图 5-46 "释放到图层"命令

### 4. 合并图层和组

"合并图层"与"拼合图层"的功能相似,都可将对象、组和子图层合并到同一图层或组中,图稿的堆叠顺序保持不变,但图层及属性(如:剪切蒙版属性)不作保留。

● 合并所选图层:按住 Ctrl 或 Shift 键选择要合并的图层或组,接着按下"图层"面板的菜单按钮,然后将光标拖至"合并所选图层"命令中单击。

● 拼合图层:单击选择某一图层,然后从"图层"面板菜单中选择"拼合图稿"。

## 二、"透明度"面板的使用

"透明度"面板用来指定对象的不透明度和混合模式,创建不透明蒙版,或者使用透明对象的上层部分来挖空某个对象的一部分,掌握了不透明度与混合模式的使用技巧,将会在很大程度上增强创作能力。

选择菜单栏"窗口/透明度"命令（或单击界面右边的 按钮），系统弹出"透明度"面板，在"透明度"面板的菜单中选择"显示选项"命令，可显示多个选项，如图 5-47 所示。

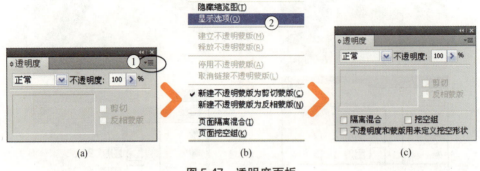

图 5-47　透明度面板

## 1. 改变对象不透明度

不透明度文本框可改变单个对象的不透明度、一个组或图层中所有对象的不透明度，或一个对象的填色或描边的不透明度。

选择一个对象或组（或在"图层"面板中定位对象），接着在"透明度"面板或"控制"面板中设置"不透明度"选项值，如图 5-48 所示。

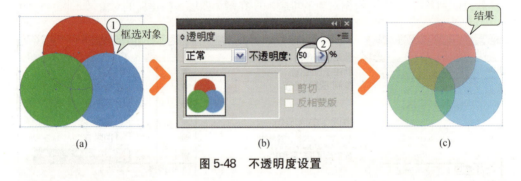

图 5-48　不透明度设置

## 2. 创建透明度挖空组

透明度挖空组可使相互重叠的部分不能透过彼此而显示。

选择对象，接着单击"透明"面板的 下拉菜单按钮，再将光标拖至"页面挖空组"后单击勾选，便可将对象挖空，如图 5-49 所示。

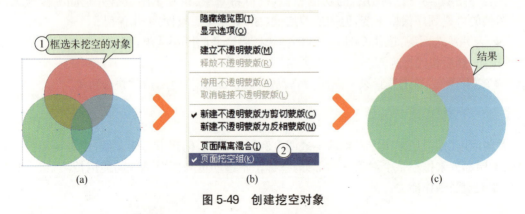

图 5-49　创建挖空对象

#### 3. 蒙版的使用

不透明蒙版和蒙版对象可以更改图稿的透明度。蒙版中的灰阶会导致图稿中出现不同程度的透明度,如:不透明蒙版为白色时,会完全显示图稿;如果不透明蒙版为黑色,则会隐藏图稿。

#### (1) 创建不透明蒙版

通过为图形或图像添加不透明度蒙版,可以绘制出一些半透明度的眩目效果。

"不透明蒙版"的使用

打开资源包中的"项目五\素材\不透明蒙版.ai"文件后,进行如下操作。

选择背景与文字两对象,接着单击"透明度"面板的 ▼≡ 下拉菜单按钮,弹出菜单后,选择"建立不透明蒙版"命令,如图 5-50 所示。

图 5-50　创建不透明蒙版

"透明度"面板中"剪切"与"反相蒙版"选项的功能与菜单中的"新建不透明蒙版为剪切蒙版"或"新建不透明蒙版为反相蒙版"命令一样。

- 剪切:勾选"剪切"选项,可将蒙版的图稿裁剪到蒙版对象的大小。系统默认"剪切"为勾选状态。
- 反相蒙版:反相蒙版可更改对象的明度值。例如,90%透明度区域在蒙版反相后变为10%透明度的区域。取消选择"反相蒙版"选项,可将蒙版恢复为原始状态。

### (2) 创建剪切蒙版

创建剪切蒙版时要选择至少两个对象或组，最上方的对象或组为蒙版对象。

打开资源包中的"项目五/素材/剪切蒙版.ai"文件后，使用"矩形工具"在背景上绘制矩形，接着使用"选择工具"框选所有对象，然后选择"对象/剪切蒙版/建立"命令，如图 5-51 所示。

图 5-51　创建剪切蒙版

### (3) 编辑不透明蒙版

可以编辑蒙版对象以更改蒙版的形状或透明度。

● 取消链接或重新链接不透明蒙版。

取消链接后，将锁定蒙版对象的位置和大小，可以独立于蒙版来移动被蒙版的对象并调整其大小，如图 5-52 所示。

项目五　图层与透明度

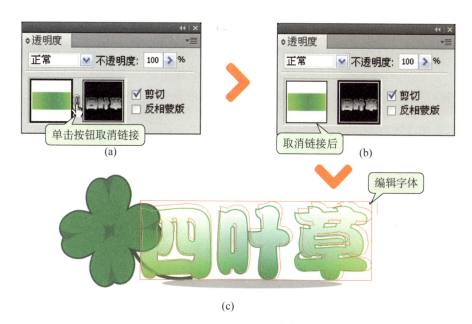

图 5-52　取消链接蒙版

> **提示**
> 
> 　　若需重新链接蒙版,在"透明度"面板中的缩览图之间单击,显示链接符号便可;或选择"透明度"面板菜单中选择"链接不透明蒙版"。

● 停用或删除蒙版。

停用不透明蒙版的操作方法如下:

按住 Shift 键并单击"透明度"面板中的蒙版对象的右缩览图,或选择"透明度"面板菜单中的"停用不透明蒙版",如图 5-53 所示。(重新激活蒙版的方法与之相似)

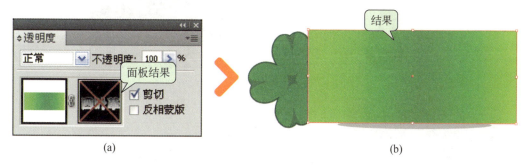

图 5-53　停用不透明度蒙版

删除蒙版的操作方法如下:

删除"不透明蒙版":选取图稿,再选择"透明度"面板菜单中的"释放不透明蒙版"命令便可。

删除"剪切蒙版":选取图稿,选择菜单栏"对象/剪切蒙版/释放"命令便可。

· 165 ·

**4. 混合模式的使用**

混合模式是可用不同的方法将对象颜色与底层对象的颜色混合,包括"变暗"、"正片叠底"、"强光"、"色相"等等不同的混合模式。混合模式应用于某一对象时,此对象的图层或组下方的任何对象上都可看到混合模式的效果,如图 5-54 所示。

图 5-54 "正常"与"强光"对比图

(1) 创建混合模式

打开资源包中的"项目五/素材/混合模式.ai"文件后,使用"矩形工具"在背景上绘制矩形,然后在"透明度"面板中选择"正片叠底"的混合模式命令,如图 5-55 所示。

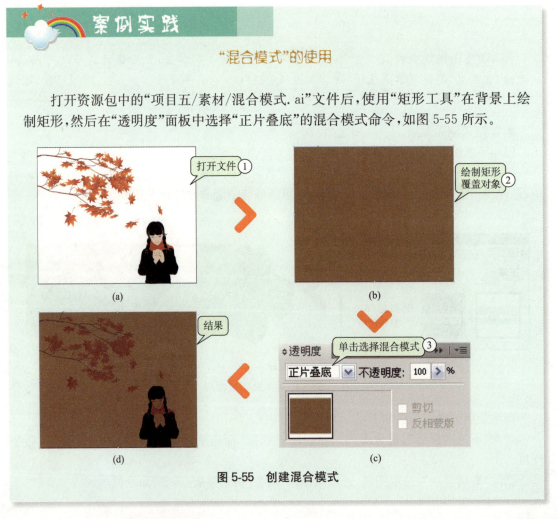

图 5-55 创建混合模式

混合模式的类型说明如下：
- 正常：使用混合色对选区上色，而不与基色相互作用。这是默认模式。
- 变暗：选择基色或混合色中较暗的一个作为结果色。比混合色亮的区域会被结果色所取代，比混合色暗的区域将保持不变。
- 正片叠底：将基色与混合色相乘，得到的颜色比基色和混合色要暗。将任何颜色与黑色相乘都会产生黑色，将任何颜色与白色相乘则颜色保持不变。
- 颜色加深：加深基色以反映混合色，与白色混合后不产生变化。
- 变亮：选择基色或混合色中较亮的一个作为结果色。比混合色暗的区域将被结果色所取代，比混合色亮的区域将保持不变。
- 滤色：将混合色的反相颜色与基色相乘。得到的颜色总是比基色和混合色都要亮一些。用黑色滤色时颜色保持不变，用白色滤色将产生白色。
- 颜色减淡：加亮基色以反映混合色，与黑色混合则不发生变化。
- 叠加：对颜色进行相乘或滤色，具体取决于基色。图案或颜色叠加在现有的图稿上，在与混合色混合以反映原始颜色的亮度和暗度的同时，保留基色的高光和阴影。
- 柔光：使颜色变暗或变亮，具体取决于混合色。如果混合色（光源）比50%灰色亮，图片将变亮；如果混合色（光源）比50%灰度暗，则图稿变暗。使用纯黑或纯白上色会产生明显的变暗或变亮区域，但不会出现纯黑或纯白。
- 强光：对颜色进行相乘或过滤，具体取决于混合色。如果混合色（光源）比50%灰色亮，图片将变亮，对于给图稿添加高光很有用。如果混合色（光源）比50%灰度暗，则图稿变暗，对于给图稿添加阴影很有用。用纯黑色或纯白色上色会产生纯黑色或纯白色。
- 差值：从基色减去混合色或从混合色减去基色，具体取决于哪一种的亮度值较大。与白色混合将反转基色值，与黑色混合则不发生变化。
- 排除：创建一种与"差值"模式相似但对比度更低的效果。与白色混合将反转基色分量，与黑色混合则不发生变化。
- 色相：用基色的亮度和饱和度以及混合色的色相创建结果色。
- 饱和度：用基色的亮度和色相以及混合色的饱和度创建结果色。在无饱和度（灰度）的区域上用此模式着色不会产生变化。
- 颜色：用基色的亮度以及混合色的色相和饱和度创建结果色。这样可以保留图稿中的灰阶，对于给单色图稿上色以及给彩色图稿染色都会非常有用。
- 明度：用基色的色相和饱和度以及混合色的亮度创建结果色。此模式创建与"颜色"模式相反的效果。

**(2) 隔离混合模式**

隔离混合模式是可在使用混合模式时，只对某个对象产生效果，而对其他对象不起作用，但须将混合模式的对象与不使用混合模式的对象，放在不同的图层上。

## "隔离混合模式"的使用

打开资源包中的"项目五\素材\隔离混合模式.ai"文件后,进行如下操作。

**步骤1** 按键盘快捷键F7打开图层面板,单击"图层2"环形的定位 ◎ 图标,定位后,图标变为双环,如图5-56所示。

图5-56 选择图层对象

**步骤2** 图层2对象在已定位状态下。在"透明度"面板的下拉菜单中选择"显示选项",弹出选项后,勾选"隔离混合"选项,如图5-57所示设置。

**步骤3** 使用"选择工具"单独选取黄色圆形,接着在"透明度"面板的左上角混合模式下拉按钮中选择"明度"命令,如图5-58所示。

图5-57 勾选隔离混合

(a)　　　　　　　　　　(b)

图5-58 选择混合模式

**步骤4** 单击图层2环形定位 ◎ 图标,定位后,图标变为双环显示,接着在"透明度"面板中,取消勾选"隔离混合"选项,如图5-59所示。

项目五　图层与透明度

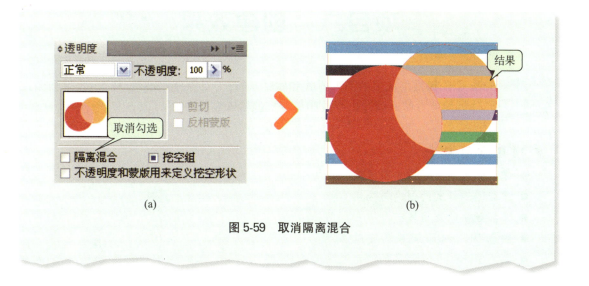

图 5-59　取消隔离混合

## 小　结

本项目全面介绍了 Adobe Illustrator CS5 的图层与透明度面板的使用，学习了本项目后，应该掌握以下主要内容：
1. 掌握图层基础知识与基本操作。
2. 熟练使用图层面板的各个选项。
3. 熟练使用图层管理图稿。
4. 熟练更改对象的不透明度。
5. 熟练创建不透明度蒙版与剪切蒙版。
6. 了解混合模式生成的原理并掌握其使用方法和效果。
7. 掌握创建透明度挖空组的方法。

平面设计 Illustrator CS5

# 项目六　创建效果

Illustrator CS5 提供了众多的图形样式和滤镜，通过为对象应用填色、描边、效果和样式等外观属性，能够快速方便地创建出令人印象深刻的特殊效果。

『本项目学习目标』
- 掌握外观面板的使用与修改
- 掌握图形样式的创建与应用
- 掌握效果的使用技巧
- 熟悉 Illustrator 效果的使用
- 熟悉 Photoshop 效果的使用
- 掌握各效果的区别

『本项目相关资源』

| 资源包 | 素材文件 | 资源包中"项目六\素材"文件夹 |
|---|---|---|
| | 结果文件 | 资源包中"项目六\结果文件"文件夹 |
| | 录像文件 | 资源包中"项目六\录像文件"文件夹 |

## 任务一　设计字体：透明立体字

本任务通过 3D 透明字的制作，学习使用 3D 凸出和斜角命令，以及回顾与练习文字工具与编辑命令的使用。最终效果如图 6-1 所示。

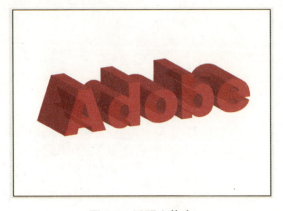

图 6-1　透明立体字

项目六 创建效果

操作步骤

步骤1 新建文件。选择菜单栏"文件/新建"命令,弹出"新建文档"对话框,如图 6-2 所示。

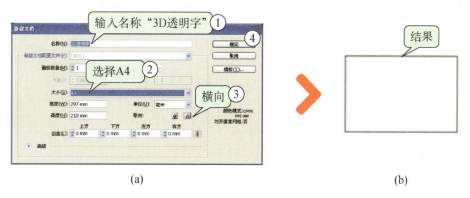

(a)　　　　　　　　　　　　　　(b)

图 6-2　新建文件

步骤2 输入文字。单击工具栏的"文字工具"按钮 T ,单击画板,设置控制面板文字属性,输入文字"Adobe",如图 6-3 所示。

图 6-3　输入文字

步骤3 设置文字的颜色。使用"选择工具"选取文字"Adobe",再单击控制面板的"色板"按钮,选择文字的颜色,如图 6-4 所示。

步骤4 文字在选取的状态下,选择菜单栏"窗口/透明度"命令,弹出"透明度"面板,修改不透明度参数为"81",如图 6-5 所示。

·171·

图 6-4　选择文字颜色

图 6-5　修改不透明度

步骤 5　文字编组。使用"选择工具"选取文字,然后选择菜单栏"对象/编组"命令。

步骤 6　在文字选中的状态下,选择菜单栏"效果/3D/凸出和斜角"命令,修改设置,然后单击"确定"完成,如图 6-6 所示。

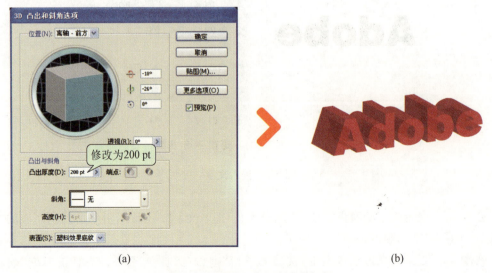

图 6-6　执行"凸出和斜角"命令

步骤 7　最后结果,如图 6-7 所示。

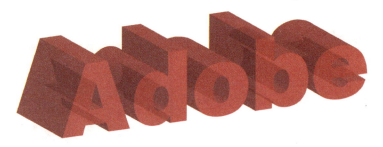

图 6-7　结果图

## 任务二　设计背景:透视图片

本任务通过透视图片的制作,学习使用 3D 旋转命令制作透视效果,以及学习对象变换等命令的使用。最终效果如图 6-8 所示。

图 6-8　透视图片

操作步骤

步骤 1　打开素材文件。选择菜单栏"文件/打开"命令,弹出"打开"对话框,打开资源包中的"项目六\素材\透视图片.ai"文件,如图 6-9 所示。

步骤 2　使用"选择工具"选取图形,按 Ctrl+C 和 Ctrl+V 的组合键复制粘贴图形,再单击选中复制的图形,按住左键移动图形到合适位置,如图 6-10 所示。

步骤 3　副本在选中状态下时,选择菜单栏"效果/3D/旋转"命令,如图 6-11 所示进行设置。

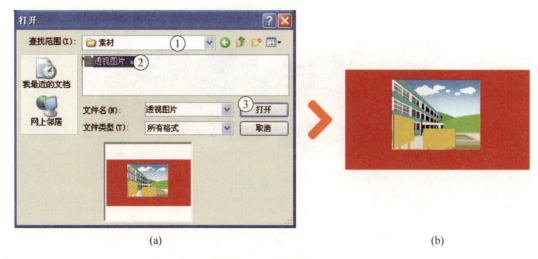

图 6-9 打开素材文件

图 6-10 复制粘贴图形

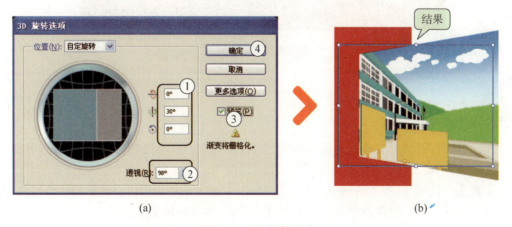

图 6-11 3D 旋转副本

项目六 创建效果

**步骤 4** 同理,选择原对象,执行 3D 的"旋转"命令,如图 6-12 所示。

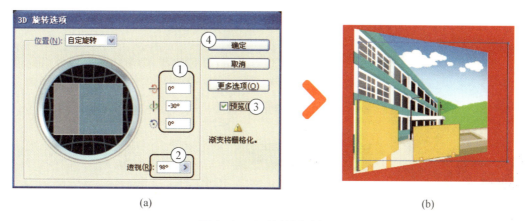

图 6-12 3D 旋转原对象

**步骤 5** 原对象在选取的状态下,选择菜单栏"对象/变换/对称"命令,弹出"镜像"对话框,设置对话框,最后单击"确定"完成,如图 6-13 所示。

图 6-13 执行"对称"命令

**步骤 6** 使用"选择工具"调整两图形位置,结果如图 6-14 所示。

图 6-14 调整位置

· 175 ·

# 任务三 设计海报：歌唱比赛

本任务通过设计海报：歌唱比赛，学习扭曲变换效果的使用与编辑，以及回顾与练习剪切蒙版、文字工具等命令的使用。最终效果如图 6-15 所示。

操作步骤

图 6-15　海报：歌唱比赛

步骤 1　打开素材文件。启动 Illustrator CS5，选择"文件/打开"命令，弹出"打开"对话框后，选择资源包中的素材"歌唱海报素材"，然后单击"打开"，如图 6-16 所示。

步骤 2　使用"椭圆工具"单击画板外空白处，弹出"椭圆"对话框后，输入参数，单击"确定"完成，如图 6-17 所示。

步骤 3　单击控制面板修改圆的填充为"黄色"、描边为"无"，如图 6-18 所示。

图 6-16　打开素材文件

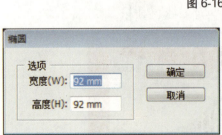

图 6-17　绘制圆　　　　　　　　　图 6-18　修改填充和描边

项目六 创建效果

步骤4 圆在选取状态下时,选择菜单栏"效果/扭曲和变换/粗糙化"命令,弹出"粗糙化"对话框,进行设置,最后单击"确定"完成,如图 6-19 所示。

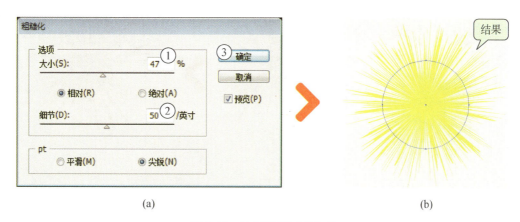

图 6-19 执行"粗糙化"命令

步骤5 同理,制作第二个"放射球",如图 6-20 所示。

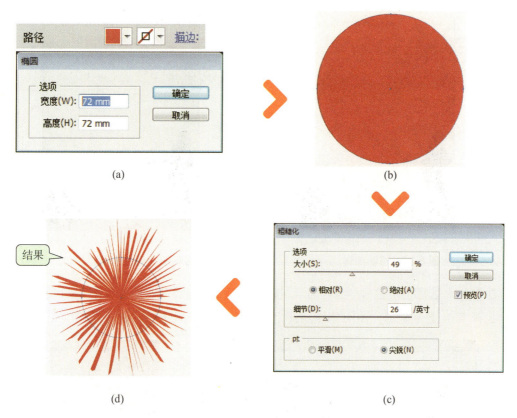

图 6-20 制作红色"放射球"

步骤6 使用"选择工具"选取两个"放射球",然后单击控制面板的对齐按钮,如图 6-21 所示。

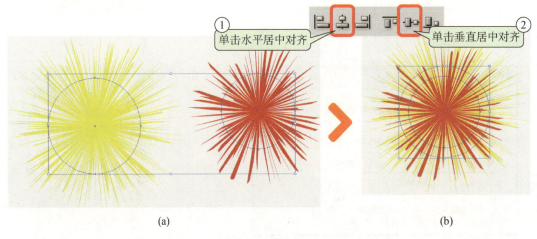

图 6-21 对齐图形

步骤 7　在两个图形被选中的状态下,选择菜单栏"对象/编组"命令,进行编组。

步骤 8　使用"选择工具"移动图形到画板内左上角,结果如图 6-22 所示。

图 6-22 移动图形

图 6-23 调整图形位置

步骤 9　选择菜单栏"对象/排列/后移一层"命令,执行三次,结果如图 6-23 所示。

步骤 10　绘制矩形。使用"矩形工具"单击空白处,弹出矩形对话框,如图 6-24 所示。

图 6-24 绘制矩形

步骤11  矩形在选取状态下时,选择菜单栏"效果/扭曲和变换/收缩和膨胀"命令,如图 6-25 所示。

图 6-25  执行"收缩和膨胀"命令

步骤12  单击控制面板修改图形的填充色为"黄色",如图 6-26 所示。

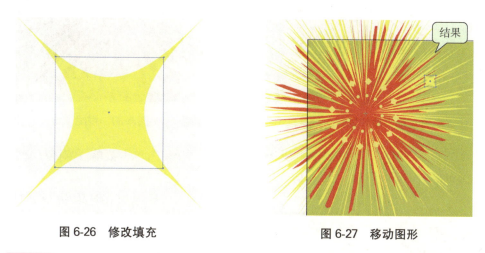

图 6-26  修改填充　　　　　　　　　图 6-27  移动图形

步骤13  使用"选择工具"移动图形到画板左上角,如图 6-27 所示。
步骤14  选中该图形,再单击"旋转工具" 按钮,之后如图 6-28 所示复制和旋转图形。

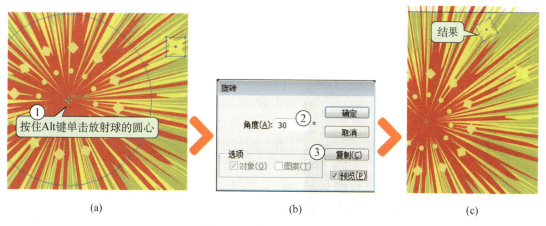

图 6-28  复制和旋转图形

> **提示**
> 利用系统的智能捕捉功能，可以快速地捕捉"放射球"的圆心，使用方法为：在菜单栏中选择"视图/智能参考线"命令，开启智能捕捉。

步骤 15　完成旋转后，接着按快捷键 Ctrl+D 继续变换，直到完成如图 6-29 所示的个数。

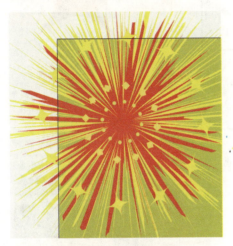

图 6-29　旋转复制结果

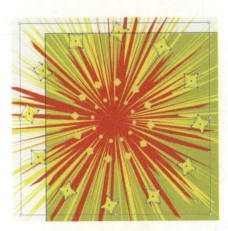

图 6-30　编组

步骤 16　使用"选择工具"按住 Shift 键选取所有"星形"；单击菜单栏"对象/编组"命令进行编组，如图 6-30 所示。

图 6-31　复制和移动图形

步骤 17　星形组在选取状态下时，使用"选择工具"并同时按下 Alt 键，将其复制并拖到右下角，如图 6-31 所示。

步骤 18　选取复制的星形组，按住 Shift 键进行缩放调整，如图 6-32 所示。

步骤 19　使用"文字工具"单击画板右上角，设置"字符面板"参数，输入文字"非同凡响"，如图 6-33 所示。

步骤 20　使用"选择工具"选中刚输入的文字，选择菜单栏"对象/扩展"命令，如图 6-34 所示。

步骤 21　选择菜单栏"窗口/渐变"命令，弹出"渐变"面板，单击色带，为文字添加渐变，如图 6-35 所示。

步骤 22　同理，使用"文字工具"单击画板中下部，设置字符面板，输入文字"歌唱青春，唱出自我"，如图 6-36 所示。

项目六 创建效果

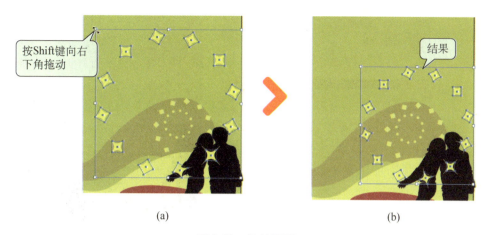

图 6-32 缩放图形

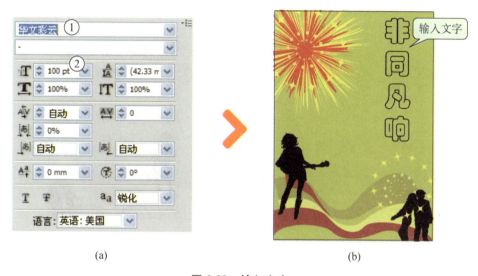

图 6-33 输入文字

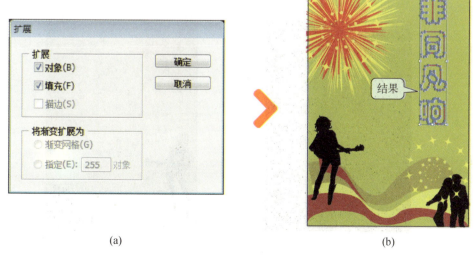

图 6-34 扩展文字

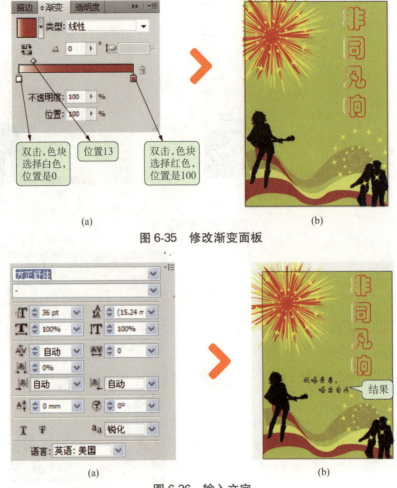

图 6-35 修改渐变面板

图 6-36 输入文字

步骤 23 隐藏多余部分。

（1）使用"矩形工具"绘制大小与画板重合的矩形，如图 6-37 所示。

图 6-37 绘制矩形

图 6-38 剪切蒙版

（2）按 Ctrl+A 组合键全选所有图形，然后选择菜单栏"对象/剪切蒙版/建立"命令，结果如图 6-38 所示。

## 任务四　设计标志：3D 螺旋体

本任务通过设计 3D 螺旋体标志，进一步学习剪切蒙版和 3D 绕转的使用技巧，同时回顾与练习常用绘图与编辑命令的使用最终效果如图 6-39 所示。

图 6-39　3D 螺旋体

 操作步骤

步骤 1　新建文档。选择菜单栏"文件/新建"命令，输入名称"标志——3D 螺旋体"，如图 6-40 所示。

步骤 2　使用"矩形工具"单击画板，创建矩形，宽度为 100 mm，高度为 5 mm，如图 6-41 所示。

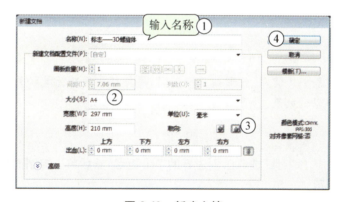

图 6-40　新建文档

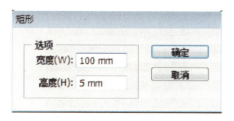

图 6-41　创建矩形

步骤 3　单击控制面板修改矩形的填充和描边，如图 6-42 所示。

步骤 4　使用"选择工具"，选取矩形，然后同时按住鼠标左键和 Alt 键，往下拖移复制 6 个矩形，如图 6-43 所示。

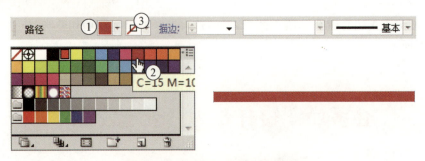

图 6-42　修改矩形的填充和描边

图 6-43　复制矩形

> **提示**
> 　　按住鼠标左键和 Alt 键,将矩形往下拖移时,每拖移一段距离就松开鼠标一次,才可以实现连续复制移动的效果。

步骤 5　使用"选择工具"选取已创建好的 7 个矩形,然后单击控制面板,修改矩形之间的位置,如图 6-44 所示。

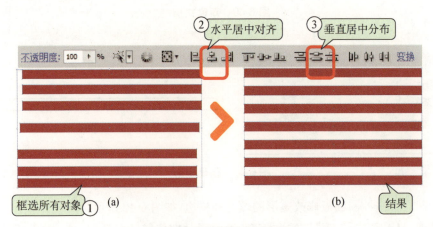

图 6-44　调整矩形间的位置

步骤6　所有矩形在选取的状态下时,选择菜单栏"对象/变换/倾斜"命令,弹出"倾斜"对话框,输入倾斜角度为"6",如图6-45所示。

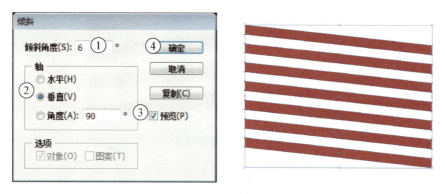

图6-45　倾斜所有对象

步骤7　使用"矩形工具",以两个矩形的对角点为对角,创建矩形,如图6-46所示。

图6-46　创建矩形

步骤8　使用"选择工具",选取所有图形,然后选择菜单栏"对象/剪切蒙版/建立"命令,如图6-47所示。

图 6-47 执行"剪切蒙版"

**步骤 9** 在图形还在选中的状态下时,单击右边工具面板的"符号"按钮,弹出"符号"面板,单击"新建符号"按钮,弹出"符号选项"对话框,输入名称"色带",如图 6-48 所示,创建新符号。

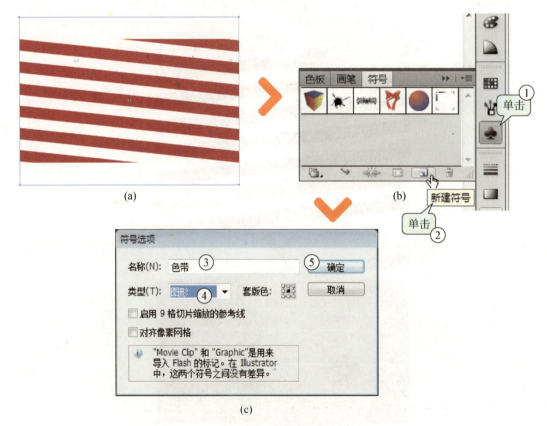

图 6-48 创建符号

**步骤 10** 按快捷键 L,激活"椭圆工具",单击画板空白处,弹出椭圆对话框,输入宽度为 40 mm,高度为 40 mm,单击"确定"按钮,如图 6-49 所示。

**步骤 11** 使用"直线工具",利用软件的自动捕捉功能,创建一条穿过圆心的直线,如图 6-50 所示。

项目六　创建效果

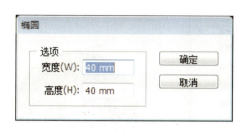 

图 6-49　创建圆

图 6-50　创建直线

步骤 12　使用"选择工具"框选直线和圆,选择菜单栏"窗口/路径查找器"命令,弹出"路径查找器"面板,然后单击"分割",将圆分割成两部分,如图 6-51 所示。

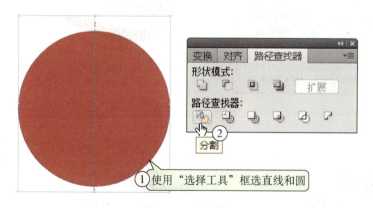 

图 6-51　分割圆　　　　　　　　　　　　　　图 6-52　删除圆的
　　　　　　　　　　　　　　　　　　　　　　　　　　左边部分

步骤 13　单击画板空白处取消圆的选中状态,然后使用"直接选择工具",单击圆的左边部分并按 Delete 键删除,如图 6-52 所示。

步骤 14　使用"选择工具"选取半圆,然后选择菜单栏"效果/3D/绕转"命令,弹出"3D 绕转选项"对话框,进行如图 6-53 所示的操作。

· 187 ·

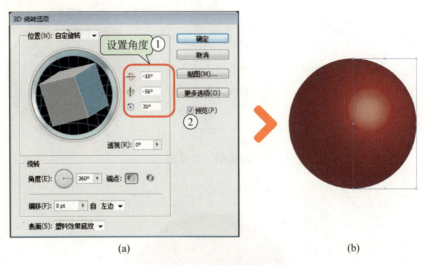

图 6-53 创建 3D 图形

步骤 15  再次打开"3D 绕转选项"对话框,单击"贴图"按钮,弹出"贴图"对话框,"符号"选择"色带",如图 6-54 所示。

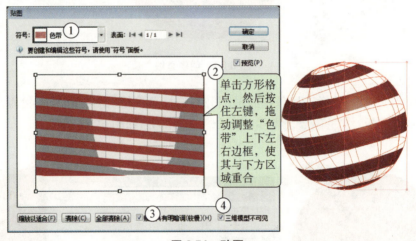

图 6-54 贴图

步骤 16  单击"确定"按钮,完成 3D 螺旋体的创建,如图 6-55 所示。

图 6-55 3D 螺旋体          图 6-56 扩展外观

步骤 17　使用"选择工具",选取 3D 螺旋体,然后选择菜单栏"对象/扩展外观"命令,如图 6-56 所示。

步骤 18　在图形选中的状态下,单击选择框的右下角点,按住鼠标左键向下拖动一定距离,使图形变形成椭圆形状,如图 6-57 所示。

步骤 19　最后结果如图 6-58 所示。

图 6-57　拖动图形产生变形　　　　　　　　图 6-58　最终结果图

## 任务五　设计信笺:圣诞节信笺

本任务通过圣诞节信笺的设计,学习扭曲和变换的粗糙化效果,同时回顾对象排列等命令的操作。最终效果如图 6-59 所示。

操作步骤

步骤 1　打开文件。选择菜单栏"文件/打开"命令,弹出"打开"对话框,选择资源包中的"项目六\素材\信笺. ai"文件,单击"打开",如图 6-60 所示。

步骤 2　执行粗糙化命令。

(1)使用"选择工具"选取松树,然后选择菜单栏"效果/扭曲和变换/粗糙化"命令,结果如图 6-61 所示。

(2)同理,选取两条折线,执行"粗糙化"命令,参数与上一个图形一样,大小为"5",细节为"100",如图 6-62 所示。

图 6-59　圣诞节信笺

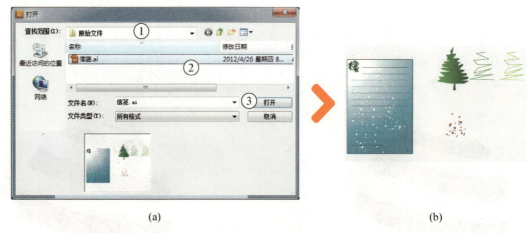

图 6-60　打开素材文件

图 6-61　执行"粗糙化"命令

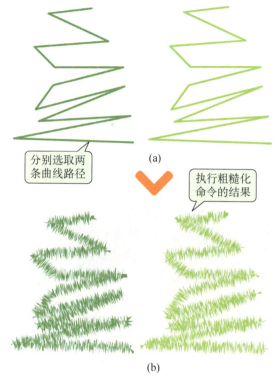

图 6-62 执行"粗糙化"命令

[步骤 3] 使用"选择工具"框选所有图形,然后选择菜单栏"对象/编组"命令。

[步骤 4] 使用"选择工具"框选图形,然后单击控制面板的水平、垂直居中对齐按钮,如图 6-63 所示。

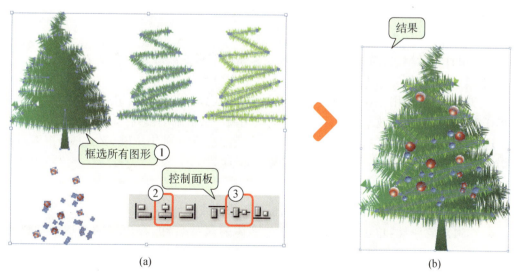

图 6-63 对齐所有图形

步骤 5　当图形还在被选取的状态下时,选择菜单栏"对象/编组"命令。
步骤 6　使用"选择工具"移动图形到"信笺"的右下角,结果如图 6-64 所示。

图 6-64　移动图形　　　　　　　图 6-65　改变图层顺序

步骤 7　使用"选择工具"单击"白色雪花",然后选择菜单"对象/排列/置于顶层"命令,如图 6-65 所示。

## 相关知识与技能

### 一、"外观"面板的使用

外观属性包括填色、描边、透明度和效果。如果编辑或删除某对象的外观属性,该对象的基础结构以及任何应用于该对象的其他属性都不会改变。

"外观"面板是使用外观属性的入口,面板上显示已应用于对象、组或图层的填充、描边、图形样式和效果。各种效果按其在图稿中的应用顺序从上到下排列。

选取对象后,选择菜单栏"窗口/外观"命令(或按快捷键 Shift+F6,又或是单击界面右边"外观"按钮),系统弹出"外观"面板,如图 6-66 所示。

**1. 修改外观属性**

对象的外观属性可随时打开"外观"面板进行修改或添加。

● 编辑对象属性:单击带下划线、蓝色字体的属性名称,在出现的对话框中修改该属性。

● 编辑填充颜色:单击填充行,并从颜色框中选择一种新颜色。

● 添加新效果:单击"添加新效果"按钮 ,在弹出的菜单中选择效果。

项目六　创建效果

各按钮介绍如下：
A：添加新描边
B：添加新填色
C：添加新效果
D：清除外观
E：复制所选项目
F：删除所选项目

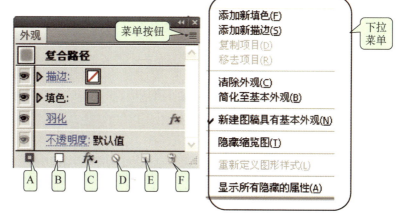

图 6-66　打开"外观"面板

"修改外观属性"的使用

打开光盘中的"项目六\素材\修改外观属性.ai"文件后，进行如下操作。

选取对象，在"外观"面板中，修改描边颜色，单击"添加新效果"按钮选择"收缩和膨胀"效果，之后单击"收缩和膨胀"效果，修改参数，如图 6-67 所示。

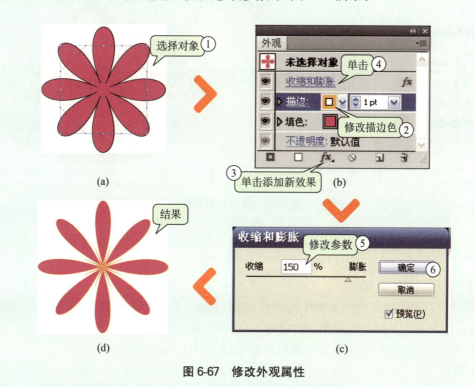

图 6-67　修改外观属性

· 193 ·

## 2. 复制外观属性

通过拖动或使用吸管工具可以复制或移动外观属性。

**（1）通过拖动复制外观属性**

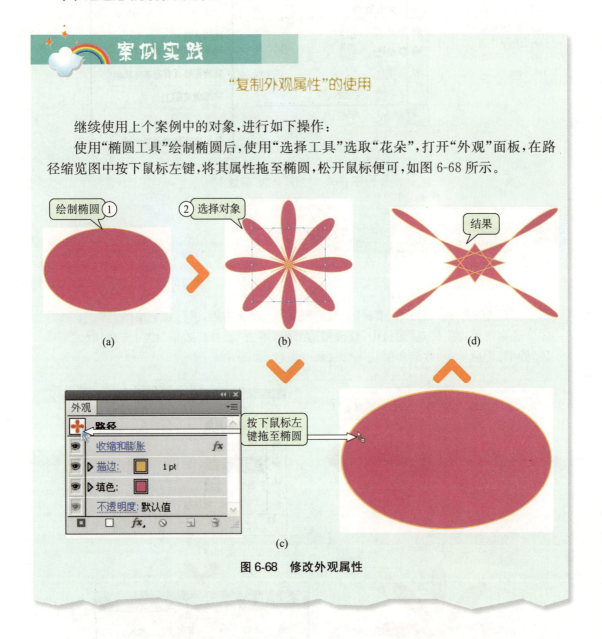

图 6-68　修改外观属性

**（2）使用吸管工具复制外观属性**

"吸管工具"可以在对象间复制外观属性，其中包括文字对象的字符、段落、填色和描边属性。选择想要更改其属性的对象，将"吸管工具"移至要进行属性取样的对象上。

● 单击"吸管工具"以对所有外观属性取样，并将其应用于所选对象上。

● 按住 Shift 键单击，则仅对渐变、图案、网络对象或置入图像的一部分进行颜色取样，并将所取颜色应用于所选填色或描边。

● 按住 Shift 键,然后再按住 Alt 键单击,则将一个对象的外观属性添加到所选对象的外观属性中。

### 3. 删除或隐藏属性

(1) 隐藏属性

单击"外观"面板中的"可视性"图标即可隐藏该属性,再次单击图标可再显示该属性。

(2) 删除属性

● 删除一个特定属性:从"外观"面板中选择该属性选项,并单击"删除所选项目"按钮;或从面板菜单中选择"移去项目"命令;又或将该属性直接拖到删除图标上。

● 删除除填色和描边之外的所有外观属性:从面板菜单中选择"简化至基本外观"命令,或将"图层"面板中项目的定位图标拖动到删除图标上。

● 删除所有外观属性(包括填充或描边):单击"外观"面板中的"清除外观"按钮,或从面板菜单中选择"清除外观"命令。

## 二、"图形样式"面板的使用

Illustrator CS5 的图形样式是一组可反复使用的外观属性,用户可以自己创建图形样式,也可以使用"图形样式库"中提供的众多样式。用户可以通过该功能快捷地应用和修改对象、组或图层的外观属性。

选择菜单栏"窗口/图形样式"(或按快捷键 Shift+F5),系统弹出"图形样式"面板,如图 6-69 所示。

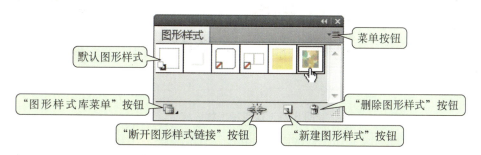

图 6-69　图形样式面板

重命名图形样式,可在"图形样式"面板中双击样式按钮,弹出"图形样式选项"对话框后,在文本框中输入"样式名称",如图 6-70 所示。

图 6-70　重命名图形样式

### 1. 图形样式库的应用

"图形样式库"是一组预设的图形样式集合。打开不同的图形样式库时,其弹出的面板会显示不同的图形样式集。在图形样式库中可以进行选择、排序和查看项目,但不能添加、删除或编辑项目。

选择对象后,单击"图形样式库菜单"按钮 ,弹出图形样式库菜单,选择需要的效果,如:选择 3D 效果,其操作方法如图 6-71 所示。

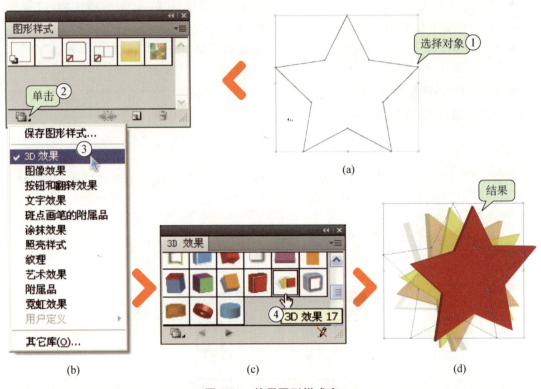

图 6-71  使用图形样式库

### 2. 新建图形样式

新建图形样式的方法为:用户先创建新对象并添加外观属性,单击"新建图形样式"按钮,将其保存为一个图形样式,之后可以将该样式应用于其他对象中。可以基于其他图形样式的基础上新建图形样式,也可以复制现有图形样式来新建图形样式。

"新建图形样式"的使用

打开资源包中的"项目六\素材\新建图形样式.ai"文件后,然后单击图形样式面板的"新建图形样式"按钮 ,创建新图形样式,如图 6-72 所示。之后,可以双击该样式,在弹出的"图形样式选项"对话框中重命名。

项目六 创建效果

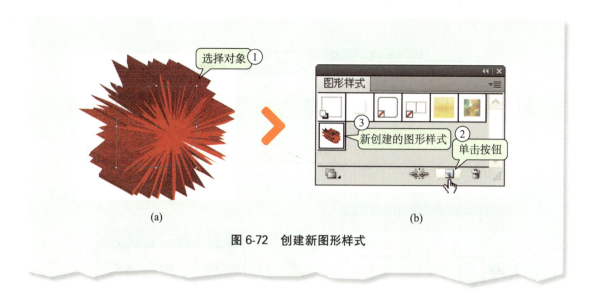

图 6-72 创建新图形样式

### 3. 合并图形样式

"合并图形样式"是指将"图形样式"面板中多个样式合并为一个新样式,原样式不作改变。

#### 案例实践

**"合并图形样式"的使用**

打开资源包中的"项目六\素材\合并图形样式.ai"文件后,进行如下操作:

步骤 1　打开"图形样式"面板,单击"图形样式库菜单"按钮,选择"文字效果"命令,接着会弹出"文字效果"面板,然后单击"腐蚀效果",如图 6-73 所示。

图 6-73 选择"腐蚀效果"

步骤 2　按下 Ctrl 键后,单击选中"图形样式"面板中的"阴影"与"腐蚀"效果,接着单击"图形样式"面板的下拉菜单 按钮,选择"合并图形样式"选项,弹出"图形样式选项"对话框后,输入名字"棉絮",便可建立新的图形样式"棉絮",如图 6-74 所示。

· 197 ·

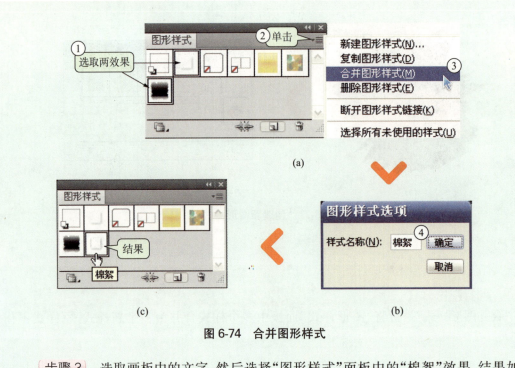

图 6-74 合并图形样式

**步骤3** 选取画板中的文字,然后选择"图形样式"面板中的"棉絮"效果,结果如图 6-75 所示。

图 6-75 合并图形样式

### 4. 断开与图形样式的链接

对象、组或图层执行断开图形样式链接命令后,将会保留原有外观属性,对其所作的修改将不会影响被断开的图形样式。

选择应用了图形样式的对象、组或图层,在"图形样式"面板的菜单中选择"断开图形样式链接",或单击面板中的"断开图形样式链接"按钮,如图 6-76 所示。

图 6-76　断开图形样式链接

### 三、特殊效果的使用

选取对象、组或图层后，单击菜单栏"效果"，弹出"效果"菜单，选取需要的效果命令即可。其中，"效果"菜单可分为 4 个区域，如图 6-77 所示。

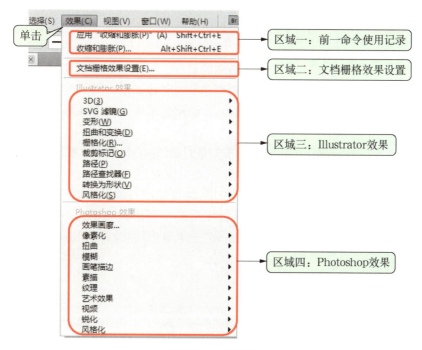

图 6-77　效果菜单

#### 1. 前一命令使用记录

单击前一次使用记录，可快速重复使用上次效果，也可打开该效果的对话框，重新设置后再应用效果，如图 6-78 所示。

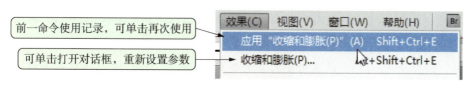

图 6-78　重复前一效果命令

## 2. 文档栅格效果设置

单击"文档栅格效果设置",系统弹出"文档栅格效果设置"对话框,在对话框中可为一个文档中的所有栅格效果设置参数,该命令可在将矢量对象栅格化为位图时使用,如图 6-79 所示。

各选项说明如下:

① 颜色模型:决定在栅格化过程中所用的颜色模型。

② 分辨率:用于确定栅格化图像中的每英寸像素数。

③ 背景:用于确定矢量图形的透明区域如何转换为像素。选择"白色"可用白色像素填充透明区域,选择"透明"可使背景透明。

④ 消除锯齿:应用消除锯齿效果,以改善栅格化图像的锯齿边缘外观。

⑤ 创建剪切蒙版:创建一个使栅格化图像的背景显示为透明的蒙版。如果"背景"选项已勾选"透明",则不需要再创建剪切蒙版。

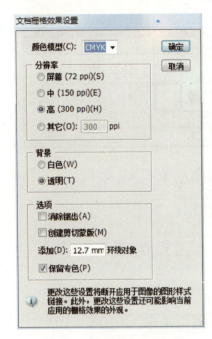

图 6-79 文档栅格效果设置

⑥ 添加环绕对象:可以通过指定像素值,为栅格化图像添加边缘填充或边框。

## 3. Illustrator 效果

Illustrator 效果的所有命令都可以用于矢量对象,在子菜单中选择具体效果命令后会弹出对话框,进行具体的选项设置。

该区域中的少数效果命令可以作用于位图,如果位图对象具有填色和描边属性,可以使用"外观"面板为这些属性应用效果,该区域中可以作用于位图的命令还有"3D"、"SVG 滤镜"、"变形"子菜单中的所有效果,以及风格化"子菜单中的"投影"、"羽化"、"内发光"、"外发光"效果。

Illustrator 效果的说明如表 6-1 所示:

表 6-1 Illustrator 效果说明

| 效 果 | 说 明 |
| --- | --- |
| 3D | 将开放路径或封闭路径,或者位图对象转换为可以旋转、打光和投影的三维(3D)对象 |
| SVG 滤镜 | 添加基于 XML 的图形属性,生成的效果会应用于目标对象而不是源图形 |
| 变形 | 使对象扭曲或变形,可作用的对象有路径、文本、网格、混合和栅格图像 |
| 扭曲和变换 | 改变矢量对象的形状,或使用"外观"面板将效果应用于位图对象上的填充或描边 |

续　表

| 效　果 | 说　明 |
|---|---|
| 栅格化 | 将矢量对象转换为位图对象 |
| 裁剪标记 | 将裁剪标记应用于选定的对象 |
| 路径 | 将对象路径相对于对象的原始位置进行偏移、将文字转化为可进行编辑和操作的一组复合路径或将所选对象的描边更改为与原始描边相同粗细的填色对象。还可以使用"外观"面板将这些命令应用于位图对象上的填充或描边 |
| 路径查找器 | 将组、图层或子图层合并到单一的可编辑对象中 |
| 转换为形状 | 改变矢量对象或位图对象的形状 |
| 风格化 | 向对象添加内发光、圆角、外发光、投影、羽化边缘、以及涂抹风格的外观 |

#### 4. Photoshop 效果

Photoshop 效果的所有命令列出了 Photoshop 软件中常用的效果,亦称之为栅格效果,它是用来生成像素(非矢量数据)的效果。所有命令既可用于位图对象,也可用于矢量对象。使用这些效果命令时,将按照在"文档栅格效果设置"对话框中的参数设置作用于对象。

"艺术效果"、"画笔描边"、"扭曲"、"素描"、"风格化"、"纹理"、"视频"子菜单中的效果不能应用于 CMYK 颜色模型的文档。

Photoshop 效果的说明如表 6-2 所示:

表 6-2　Photoshop 效果的说明

| 效　果 | 说　明 |
|---|---|
| 像素化 | 通过将颜色值相近的像素集结成块来清晰地定义一个选区 |
| 扭曲 | 对图像进行几何扭曲及改变对象形状 |
| 模糊 | 可在图像中对指定线条和阴影区域的轮廓边线旁的像素进行平衡,从而润色图像,使过渡显得更柔和 |
| 画笔描边 | 使用不同的画笔和油墨描边效果创建绘画效果或美术效果 |
| 素描 | 向图像添加纹理,常用于制作 3D 效果。这些效果还适用于创建美术效果或手绘效果 |
| 纹理 | 使图像表面具有深度感或质地感,或是为其赋予有机风格 |
| 艺术效果 | 在传统介质上模拟应用绘画效果 |
| 视频 | 对从视频中捕获的图像或用于电视放映的图稿进行优化处理 |

续 表

| 效　果 | 说　明 |
|---|---|
| 锐化 | 通过增加相邻像素的对比度，聚焦模糊的图像 |
| 风格化 | 子菜单中的"照亮边缘"命令可以通过替换像素以及查找和提高图像对比度的方法，为选区生成绘画效果或印象派效果 |

## 小　结

　　本项目全面介绍了 Illustrator CS5 各种效果与风格的创建和使用，学习了本项目内容后，应掌握以下主要内容：

　　1. 如何使用外观面板对对象的外观属性进行编辑。
　　2. 熟练使用图形样式命令以及图形样式面板各选项参数的设置。
　　3. 熟练使用效果和滤镜的各个效果命令，并能区别彼此的差异。

# 项目七　符号与实时描摹

实时描摹功能非常受广大 Adobe Illustrator 用户的欢迎，使用实时描摹可以自动完成描摹工作，采用线稿制作复杂的矢量图。当图稿中需要多次使用同一个图形对象时，使用符号可以节省创作的时间，并能够减少文档的大小，而且符号还支持 SWF 和 SVG 格式输出，在创建动画时也非常有用。

『本项目学习目标』

- 了解什么是符号
- 熟练使用与编辑各种符号工具
- 掌握创建符号和使用符号库的方法
- 了解什么是实时描摹
- 掌握自动描摹图像的使用方法
- 掌握实时描摹的编辑方法与技巧

『本项目相关资源』

| 资源包 | 素材文件 | 资源包中"项目七\素材"文件夹 |
|---|---|---|
| | 结果文件 | 资源包中"项目七\结果文件"文件夹 |
| | 录像文件 | 资源包中"项目七\录像文件"文件夹 |

## 任务一　设计插画：秋之枫

本任务通过"秋之枫"插画的制作，学习新建符号和符号工具的使用技巧。最终效果如图 7-1 所示。

图 7-1　插画：秋之枫

操作步骤

步骤1  打开文件。选择菜单栏"文件/打开"命令,弹出"打开"对话框,打开资源包中的"项目七\素材\插画:秋之枫.ai"文件,如图 7-2 所示。

图 7-2  打开素材文件

步骤2  锁定背景。使用"选择工具"单击背景,然后选择菜单栏"对象/锁定/所选对象"命令,如图 7-3 所示。

单击背景执行锁定

图 7-3  锁定"背景"

步骤3  单击枫叶,然后选择菜单栏"对象/取消编组"命令。

步骤4  使用"选择工具"框选枫叶下半部分,执行复制(Ctrl+C)和粘贴(Ctrl+V)命令,如图 7-4 所示。

步骤5  创建新符号。

(1) 使用"选择工具"框选原始枫叶,然后选择菜单栏"窗口/符号"命令,弹出"符号"面板,再单击面板上的"新建符号"按钮,如图 7-5 所示。

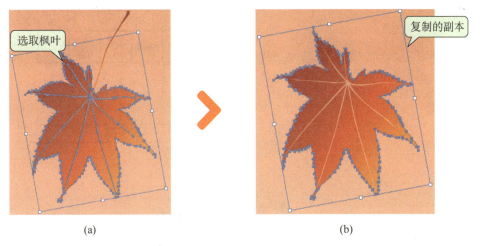

图 7-4 复制和粘贴

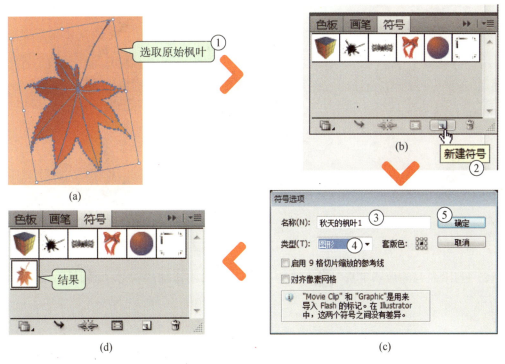

图 7-5 新建符号

(2) 同理,将副本也制作成符号,命名为"秋天的枫叶 2",如图 7-6 所示。

步骤 6  删除画板上的两个枫叶。使用"选择工具"选取画板内的两个枫叶,按 Delete 键删除。

步骤 7  在画板上添加符号。

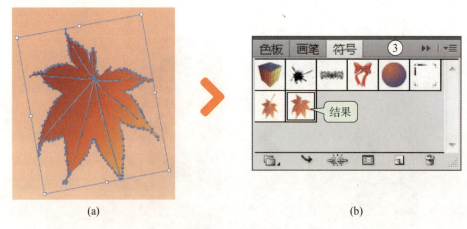

图 7-6　新建符号

（1）单击画板空白处，然后单击左侧工具栏中的"符号喷枪工具" 按钮，选取"符号"面板的"秋天的枫叶 1"符号，单击画板填充符号，如图 7-7 所示。

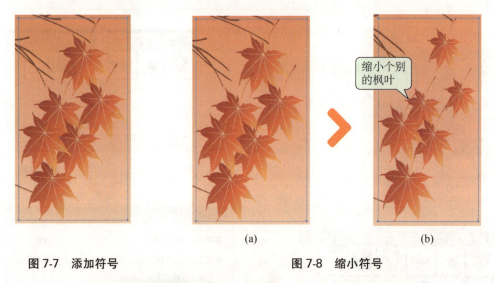

图 7-7　添加符号　　　　　　　　　　图 7-8　缩小符号

（2）使用"符号缩放器工具" ，按住 Alt 键，单击刚添加的符号图案，进行缩小，如图 7-8 所示。

**提示**

缩放符号时，注意"符号缩放器工具"的直径即画笔的直径，如图 7-9 所示。

（3）使用"符号旋转器工具" 旋转符号，如图 7-10 所示。
（4）使用"选择工具"移动符号到如图 7-11 所示的位置。
（5）使用"符号移位器工具" 移动调整符号的位置，如图 7-12 所示。

图 7-9 缩放符号

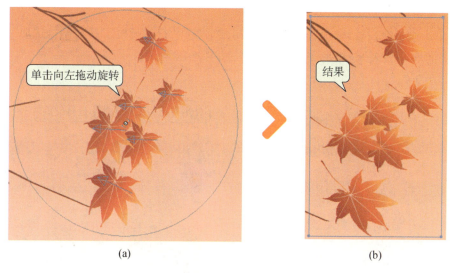

图 7-10 旋转符号

图 7-11 移动符号

图 7-12　调整符号位置

（6）单击画板空白处，取消选取任何对象，然后使用"符号喷枪工具"，选取"符号"面板的"秋天的枫叶 2"符号，单击画板填充符号，如图 7-13 所示。

图 7-13　添加符号

图 7-14　缩放符号

（7）使用"符号缩放器工具"，按住 Alt 键单击刚添加的符号图案，进行缩放，如图 7-14 所示。

（8）使用"符号旋转器工具"旋转符号，如图 7-15 所示。

（9）使用"选择工具"移动符号到如图 7-16 所示的位置。

（10）单击空白处，取消枫叶的选中状态，然后双击"符号旋转器工具"，弹出"符号工具选项"对话框，修改设置，如图 7-17 所示。

（11）使用"符号喷枪工具"选取"秋天的枫叶 1"，绘制单个枫叶，如图 7-18 所示。

（12）使用"选择工具"调整刚绘制的枫叶的形状和位置，再移动至合适位置，如图 7-19 所示。

（13）同理完成其他符号的添加，结果如图 7-20 所示。

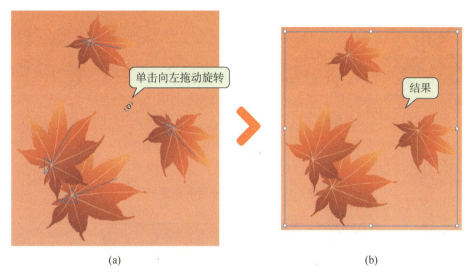

(a)                                              (b)

图 7-15　旋转符号

图 7-16　移动符号

图 7-17　修改"符号工具选项"　　　　图 7-18　绘制枫叶

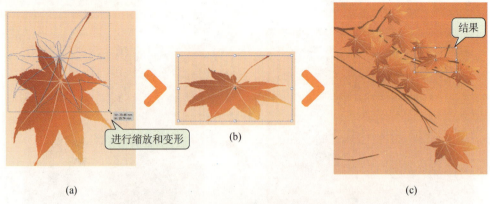

图 7-19 调整枫叶形状和位置

图 7-20 添加符号

## 任务二 设计插画：城市之夜

本任务通过插画"城市之夜"的制作，学习符号和符号工具的使用技巧，掌握符号的使用与编辑。最终效果如图 7-21 所示。

图 7-21 插画：城市之夜

项目七　符号与实时描摹

 操作步骤

**步骤 1**　打开素材文件。启动 Illustrator CS5,选择"文件/打开"命令,弹出"打开"文件对话框后,找出资源包中的素材文件"插画:城市之夜.ai",如图 7-22 所示。

图 7-22　打开素材文件

**步骤 2**　创建新符号。

(1) 使用"选择工具"选取树 1,然后选择菜单栏"窗口/符号"命令,弹出"符号"面板,再单击面板上的"新建符号"按钮(或将树 1 直接拖动至符号面板内),如图 7-23 所示。

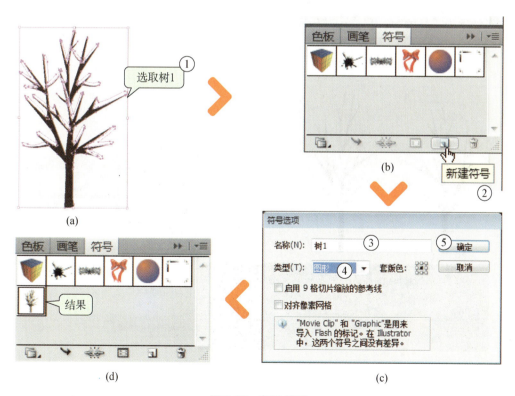

图 7-23　新建符号

(2) 同理,将树 2、矩形 1、矩形 2、星 1、星 2、星 3 都新建为符号,如图 7-24 所示。

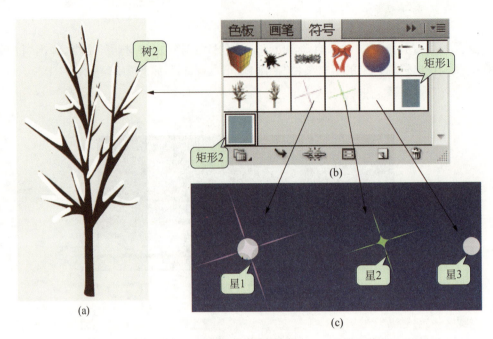

图 7-24　新建符号

**步骤 3**　断开新建符号与原图案的链接并删除原图案。使用"选择工具"选取画板内的已经创建为符号的"图案",单击符号面板"断开符号链接"按钮 ,最后按 Delete 键删除,如图 7-25 所示。

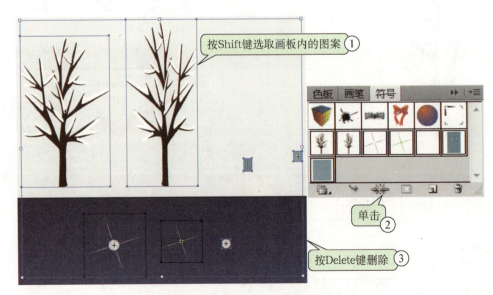

图 7-25　断开链接并删除原图

**步骤 4**　存储新建的符号方便以后使用。单击符号面板的菜单按钮 ,选择"存储符号库"命令,弹出"将符号存储为库"对话框,如图 7-26 所示。

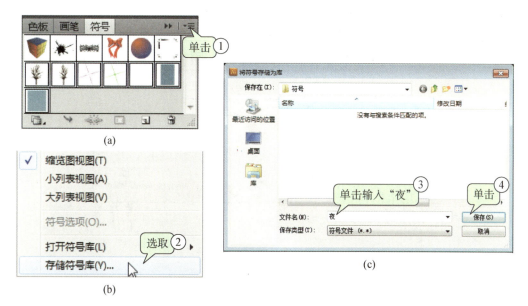

图 7-26　存储符号

步骤5　在画板上添加"树"。

(1) 双击工具栏的"符号喷枪工具" ,弹出"符号工具选项"对话框,修改强度为 3,如图 7-27 所示。

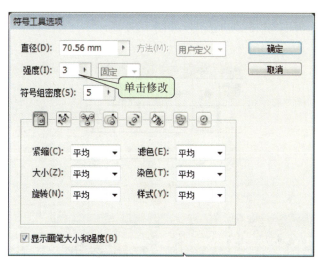

图 7-27　修改强度

(2) 使用"符号喷枪工具" ,选取"符号"面板的"树 1"符号,单击画板填充符号,如图 7-28 所示。

(3) 使用"符号移位器工具" ,移动调整符号在画板的位置,如图 7-29 所示。

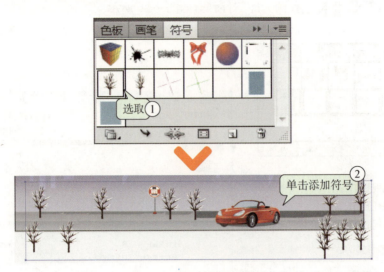

图 7-28　添加"树 1"符号

图 7-29　调整符号位置

（4）按下 Ctrl 键并单击画板空白处，取消选取符号集状态，然后继续使用"符号喷枪器工具" ，选取符号面板的"树 2"添加符号，如图 7-30 所示。

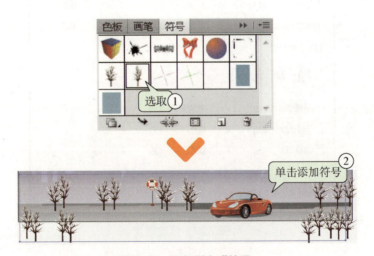

图 7-30　添加"树 2"符号

（5）使用"符号缩放器工具" 缩放符号，对部分"树木"分别进行放大与缩小，结果如图 7-31 所示。

图 7-31　缩放符号

> **提示**
> 注意符号缩放的按键组合,按住 Alt 键单击是缩小,直接单击是放大。

**步骤6**　在画板上添加"星星"。

(1) 按下 Ctrl 键并单击画板空白处,取消选取符号集状态,接着使用"符号喷枪器工具"，选取符号面板的"星 1"添加符号,然后使用"符号缩放器工具"分别进行缩放,如图 7-32 所示。

图 7-32　添加"星 1"符号

(2) 使用"符号滤色器工具"单击符号进行淡化处理,结果如图 7-33 所示。

图 7-33　淡化处理

(3) 使用"符号移位器工具"，移动调整符号在画板的位置,如图 7-34 所示。

图 7-34　调整符号位置

(4) 同理,添加其他"星"型符号,结果如图 7-35 所示。

图 7-35　添加其他星型符号

步骤 7 同理,在画板上添加"矩形"符号,将其放在背景的楼房上,作为窗户,结果如图 7-36 所示。

图 7-36 添加矩形符号

步骤 8 使用"矩形工具"绘制一个与画板大小重合的矩形,如图 7-37 所示。

图 7-37 绘制矩形　　　　　图 7-38 剪切蒙板

步骤 9 按 Ctrl+A 组合键全选所有图形,然后选择菜单栏"对象/剪切蒙板/建立"命令,结果如图 7-38 所示。

## 任务三　设计插画:花纹

本任务通过设计插画"花纹",学习位图转矢量图的方法与技巧,掌握实时描摹的使用与编辑技巧,以及回顾与练习上色等命令的使用。最终效果如图 7-39 所示。

图 7-39 花纹

 操作步骤

步骤1　新建文档。启动 Illustrator CS5，选择"文件/新建"命令，弹出新建文档对话框后，名称输入"插画：花纹"，如图 7-40 所示。

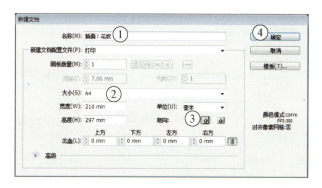

图 7-40　新建文档

步骤2　创建图案的底板即背景色。
（1）使用"矩形工具"绘制矩形，矩形的大小与画板框重合，如图 7-41 所示。
（2）单击控制面板修改矩形的填充和描边，填充颜色为咖啡色，描边为无，结果如图 7-42 所示。

图 7-41　绘制矩形　　　　　　　　图 7-42　修改矩形

步骤3　置入图片。选择菜单栏"打开/置入"命令，弹出"置入"对话框，单击置入资源包中的"项目七\素材\小香花.jpg"文件，如图 7-43 所示。

步骤4　单击控制面板中的"实时描摹"的下拉菜单按钮 ，然后选择"6 色"命令，如图 7-44 所示。

步骤5　在图片选中的状态下，单击控制面板的"扩展"命令，如图 7-45 所示。

步骤6　选择菜单栏"对象/取消编组"命令。

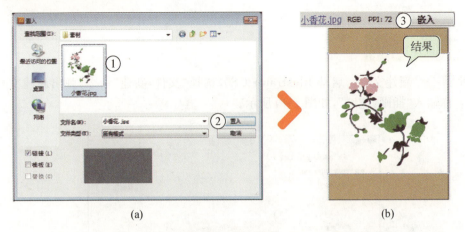

图 7-43 置入图片

图 7-44 执行"6 色"命令

图 7-45 执行"扩展"命令　　图 7-46 删除白色底板

步骤7 删除多余部分。

(1) 使用"选择工具"单击画板外空白处,取消图形选中状态,然后再单击画板内的白色部分,按 Delete 键删除,结果如图 7-46 所示。

(2) 按快捷键 Z,激活"缩放工具",对图形进行放大,然后使用"选择工具"继续选取白色等多余部分,按 Delete 键删除,如图 7-47 所示。

图 7-47 删除多余部分

步骤8 为图案上色。

(1) 使用"选择工具"框选所有对象,接着单击工具栏中的"实时上色工具"按钮,激活"实时上色"命令后,单击界面右边的"色板"按钮,弹出"色板"面板,单击选取颜色,为花朵进行渐变上色,如图 7-48 所示。

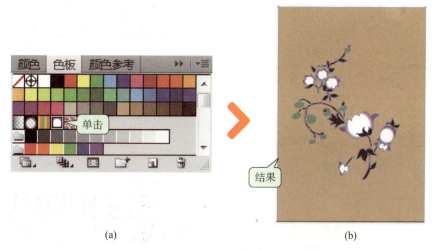

图 7-48 实时上色

(2) 同理,为叶子与花蕾进行实时上色,结果如图 7-49 所示。

步骤9 单击控制面板的"扩展"按钮 扩展 ,执行扩展。

图 7-49 实时上色

> **提示**
> 只有执行了扩展命令，才可以进行下一步花朵的渐变颜色修改。

步骤 10 修改花朵的渐变颜色。

（1）使用"直接选择工具"同时按下 Shift 键，选取三朵小花，接着选择菜单栏"窗口/渐变"命令，弹出"渐变"面板，进行修改，如图 7-50 所示。

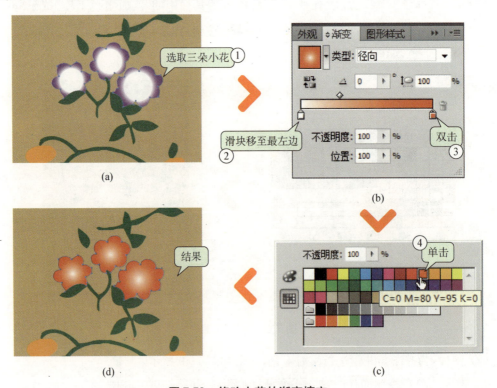

图 7-50 修改小花的渐变填充

(2) 同样使用"直接选择工具"单击大的花朵，修改其渐变填充，如图 7-51 所示。

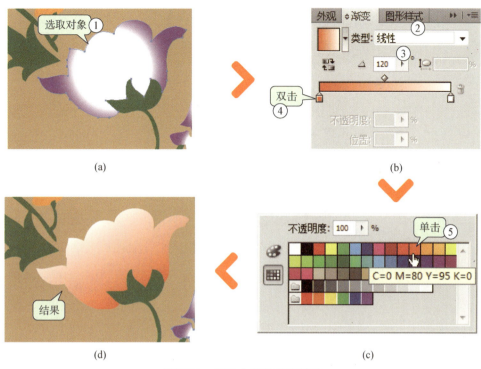

图 7-51　修改大花的渐变填充

(3) 同理，修改花瓣的渐变填充，如图 7-52 所示。

图 7-52　修改花瓣的渐变填充

步骤 11　可稍作背景与花朵大小的调整，结果如图 7-53 所示。

图 7-53 最终结果图

## 任务四 设计背景：日落

本任务通过设计"背景：日落"，学习实时描摹的使用与编辑方法，回顾与练习置入图片、渐变上色等命令的使用。最终效果如图 7-54 所示。

图 7-54 背景：日落

 操作步骤

步骤1 打开素材文件。启动 Illustrator CS5，选择"文件/打开"命令，弹出"打开"文件对话框后，选择资源包中的素材"背影"，然后单击"打开"按钮，如图 7-55 所示。

项目七　符号与实时描摹

图 7-55　打开素材文件

**步骤2**　置入文件。选择"文件/置入"命令，系统弹出"置入"对话框，找到光盘中的素材"树.jpg"的文件路径后，单击"置入"，最后单击控制面板按钮 嵌入 ，将图片完全嵌入，如图 7-56 所示。

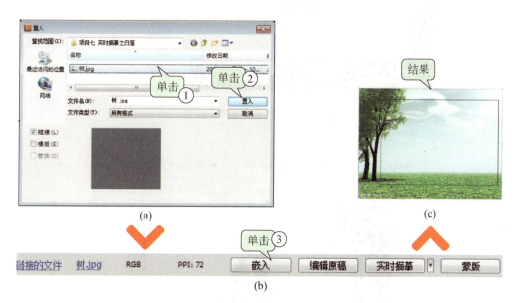

图 7-56　置入文件

**步骤3**　调整对象位置和大小。使用"选择工具"移动调整，结果如图 7-57 所示。

**步骤4**　置入图像在选择状态下时，单击控制面板"实时描摹"的下拉按钮，在弹出的选项中，选择"单色徽标"命令，如图 7-58 所示。

**步骤5**　执行扩展。单击控制面板的 扩展 按钮，如图 7-59 所示。

图 7-57　调整对象

图 7-58　执行"实时描摹"命令

图 7-59　执行"扩展"命令

步骤6  选择菜单栏"对象/取消编组"命令,然后使用"直接选择工具"选取画板外多余的部分,按 Delete 键删除,结果如图 7-60 所示。

图 7-60  删除多余部分

图 7-61  绘制矩形

步骤7  添加背景色。
(1) 使用"矩形工具"绘制大小与画板重合的矩形,如图 7-61 所示。
(2) 选择菜单栏"窗口/渐变"命令,弹出"渐变"面板,单击色带为图形添加渐变,如图 7-62 所示。

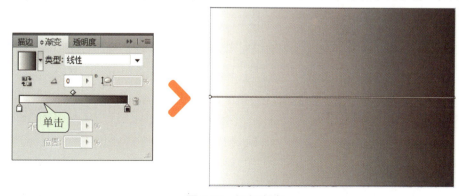

图 7-62  添加渐变

(3) 单击渐变面板修改渐变填充,如图 7-63 所示。

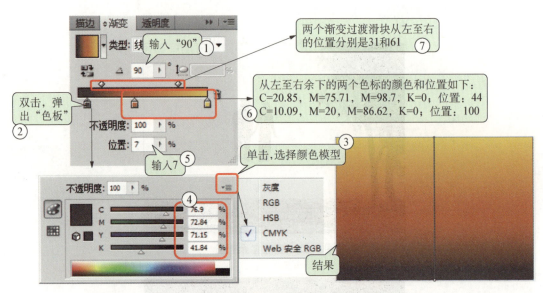

图 7-63 修改渐变

(4) 选择菜单栏"对象/排列/置于底层"命令,如图 7-64 所示。

步骤8 使用"选择工具"移动图形,将两个人影移动到右下角合适的位置,结果如图 7-65 所示。

图 7-64 执行"置于底层"命令

图 7-65 移动图形

## 相关知识与技能

### 一、符号的使用

"符号"是在文档中可重复使用的图稿对象。使用"符号"可节省创作时间和减少文档大小,而且符号支持 SWF 和 SVG 格式输出,为创建动画提供支持。

**1. "符号"面板概述**

选择菜单栏"窗口/符号"命令(或快捷键 Shift+Ctrl+F11),弹出"符号"面板,面板包含多种预设符号及功能,如图 7-66 所示。

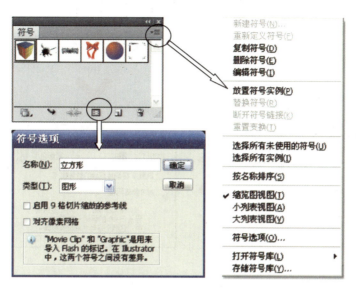

图 7-66 "符号"面板及菜单

放置符号实例 ：在"符号"面板选取符号后,单击此按钮,在画板中央绘制一个所选的符号图形。

中断符号的链接 ：中断符号与画板中图形的联系。画板中的图形与符号切断链接后,对该图形的编辑与修改,不会影响到之后符号的使用和绘制。

符号选项 ：可修改现有符号属性。"类型"选择"影片剪辑"或"图形",或"启用 9 格切片缩放的参考线"。创建新符号时,也可启用"符号选项"对话框设置属性。

新建符号 与删除符号 ：与其他面板使用方法类似。

**2. 新建符号与应用**

在设计中需经常重复使用图稿对象时,可通过将对象创建为新建符号并保存来实现轻松地重复使用图稿。

"新建符号"与应用

步骤1 使用"选择工具"单击选中图像,选择菜单栏"窗口/符号"命令,弹出"符号"面板,然后单击"新建符号"按钮(或拖动图形到"符号"面板内,或单击"符号"面板的"菜单"按钮 选择"新建符号"命令),如图 7-67 所示。

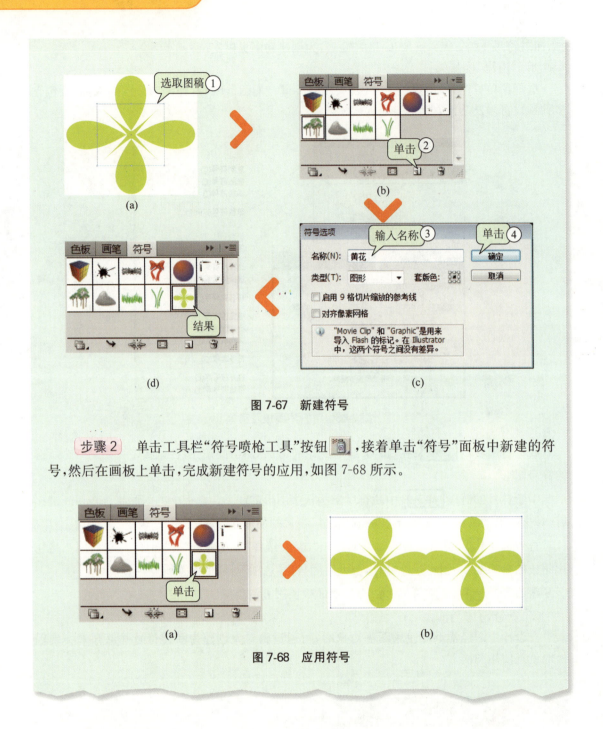

图 7-67　新建符号

**步骤 2**　单击工具栏"符号喷枪工具"按钮，接着单击"符号"面板中新建的符号，然后在画板上单击，完成新建符号的应用，如图 7-68 所示。

图 7-68　应用符号

### 3. 保存符号库

Illustrator CS5 提供了用户自定义符号库的选择，可以将所需的图稿归类保存到新创建的符号库中，操作如下：

在"符号"面板中选择要保存的符号，接着单击"符号"面板中"菜单"按钮，弹出菜单选项后，选择"存储符号库"命令，弹出"将符号存储为库"对话框，输入名称，单击"保存"按钮完成保存，如图 7-69 所示。

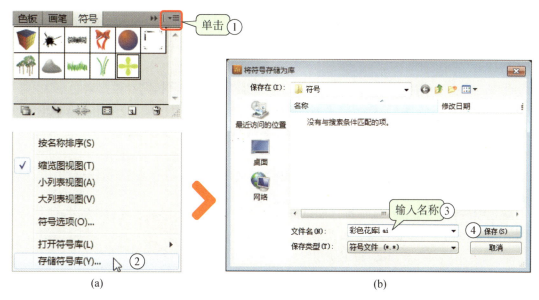

图 7-69 创建符号库

### 4. 符号相关工具组

Illustrator CS5 可通过符号相关工具来灵活、快速地调整和修饰符号图形的大小、距离、色彩、样式等。

在工具栏按住"符号喷枪工具" 不放,工具栏便会弹出一个包含 8 个工具的工具组 ,将光标移至所需的符号工具按钮上,或者按下 Alt 键的同时在符号工具上单击进行切换。

双击工具栏的任何一个符号工具按钮,系统将弹出"符号工具选项",如图 7-70 所示。

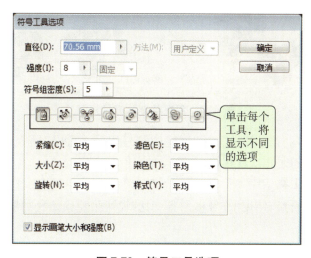

图 7-70 符号工具选项

各选项简要说明如下:

① 直径：指定工具的画笔大小。
② 强度：指定更改的速率。值越高，更改越快。
③ 符号组密度：指定符号组的吸引值(值越高，符号实例堆积密度越大)。此设置应用于整个符号集。
④ 方法：指定使用"符号紧缩器"、"符号缩放器"、"符号旋转器"、"符号着色器"、"符号滤色器"和"符号样式器"工具调整符号实例的方式。选择"用户定义"是指根据光标位置逐步调整符号。选择"随机"是指在光标下的区域随机修改符号。选择"平均"是指逐步平滑符号值。
⑤ 工具图标行：单击不同工具图标，将在对话框中显示不同的选项，例如，若单击"符号缩放器"，则显示以下两个选项：
等比缩放：保持缩放时每个符号实例形状一致。调整大小影响密度：放大时，使符号实例彼此远离；缩小时，使符号实例彼此靠拢。
⑥ 显示画笔大小和强度：指定使用符号工具时显示画笔直径和强度的大小。

### (1) 符号喷枪工具

"符号喷枪工具" 可喷出一系列符号实例组，或是在已有实例组中添加其他符号实例。按下 Alt 键同时单击已喷出的对象，可删除实例，如图 7-71 所示。

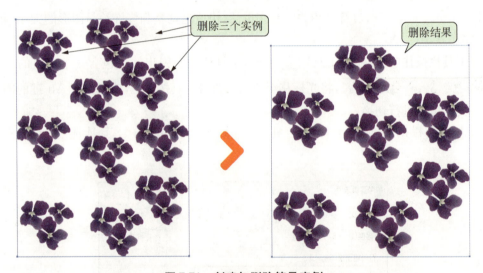

图 7-71 创建与删除符号实例

符号集是一组使用"符号喷枪工具"创建的符号实例。可以对一个符号使用"符号喷枪工具"，然后对另一个符号再次使用，来创建符号实例混合集。

### (2) 符号移位器工具

选择一个符号集合后，使用"符号移位器工具" 在要移动的对象上拖拽即可，如图 7-72 所示。

### (3) 符号紧缩器工具

使用"符号紧缩器工具" ，可将所有在笔刷范围内的符号图形都相互堆叠、聚集。如要扩散符号图形，则按下 Alt 键，在对象上单击即可，如图 7-73 所示。

图 7-72 对符号实例移位

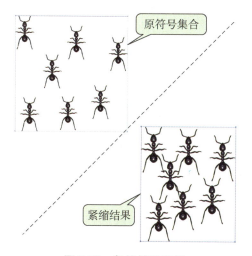

图 7-73 紧缩符号实例

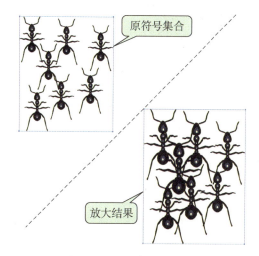

图 7-74 缩放符号实例

**(4) 符号缩放器工具**

使用"符号缩放器工具" ，可以更改符号实例的大小，如图 7-74 所示。

"符号工具选项"对话框中，在该工具的选项配置中有"等比缩放"和"显示画笔大小和强度"两个复选框，在默认情况下，为勾选状态。

**(5) 符号旋转器工具**

使用"符号旋转器工具" ，可以旋转符号实例。

在使用旋转工具时，符号图形上出现一个带箭头的指针，当拖拽鼠标时，它们都以笔刷圆心为中点进行旋转，如图 7-75 所示。

**(6) 符号着色器工具**

"符号着色工具" ，是使用原始符号颜色的明度和上色颜色的色相生成新颜色。因此，具有极高或极低明度的符号颜色，改变会很少，对黑白的符号实例则不起作用，如图 7-76 所示。

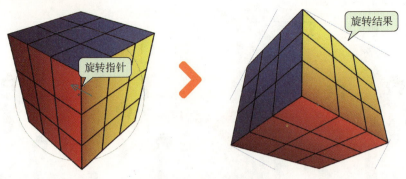

图 7-75　旋转符号实例

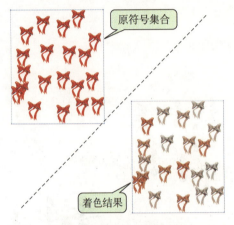

图 7-76　对符号实例着色

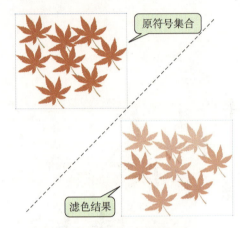

图 7-77　对符号实例滤色

**(7) 符号滤色器工具**

使用"符号滤色器工具"，是改变符号集合的透明度，如图 7-77 所示。

**(8) 符号样式器工具**

使用"符号样式器工具"，可以为符号实例应用图形样式，并可以从符号实例中删除图形样式。

使用"选择工具"选取符号实例，确认符号工具在激活的状态下，单击"图形样式"面板的效果，接着单击符号实例，如图 7-78 所示。

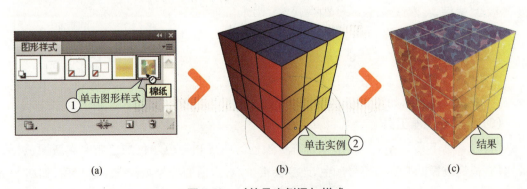

图 7-78　对符号实例添加样式

## 二、实时描摹的使用

实时描摹可以准确快速地将扫描图片、照片或其他位图图像转换为矢量路径,并可以对转换得到的矢量路径进行编辑与操作。

### 1. 创建实时描摹

打开或将照片、扫描图片和其他图片置入到 Illustrator CS5 中,然后在"控制"面板中单击"实时描摹"按钮 ,便可将置入的位图转换为矢量图。

**案例实践**

创建"实时描摹"效果

打开资源包中的素材"项目七\素材\实时描摹.ai"文件后,如下进行操作:

步骤 1 使用"选择工具"单击图像,然后选择菜单栏"对象/实时描摹/建立命令"(或单击控制面板的"实时描摹"按钮),即可创建实时描摹,如图 7-79 所示。

图 7-79 实时描摹

步骤 2 图稿在选取状态下时,单击控制面板的"扩展"按钮,可将描摹图像创建为矢量图,如图 7-80 所示。

图 7-80 扩展图形

## 2. 描摹选项设置

"描摹选项"对话框可设置实时描摹时所需的效果参数。选择菜单栏"对象/实时描摹/描摹选项"命令(或单击控制面板的"描摹选项"按钮 ),弹出"描摹选项"对话框,如图 7-81 所示。

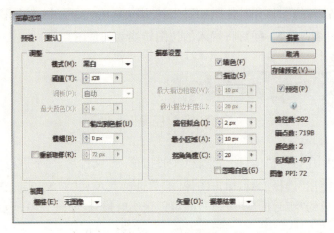

图 7-81 描摹选项

### (1) 预设

Illustrator 提供了 14 种不同的预设,单击每一个都会出现不同的描摹效果,如图 7-82 所示。

图 7-82 16 色实时描摹效果

### (2) 调整

● 模式:指定描摹结果的颜色,有三种颜色模式,分别是彩色、灰度和黑白,如图 7-83 所示。

● 阈值:指定一个从原图产生黑白描摹结果的值。该参数经常应用在图像处理的方面,所有比设置的阈值亮度低的像素被转换为白色;相反,高的则转换为黑色。这个选项只有当模式为"黑白"时才可用。

(a) 彩色模式　　　　　　　(b) 灰度模式　　　　　　　(c) 黑白模式

图 7-83　三种颜色模式

● 调板：指定用于从原始图像生成颜色或灰度描摹的调板。仅在"模式"为"彩色"或"灰度"时可用。

● 最大颜色：当使用"彩色"或"灰度"模式，且"调板"为"自动"时，才可指定最大的颜色。

● 输出到色板：选中此项，则描摹完毕后，会生成一个新的色板，并不局限在一个面板中，包含了描摹结果中的每一种颜色。

● 模糊：在描摹前，对图像进行模糊处理，使描摹结果更自然平滑，如图 7-84 所示。

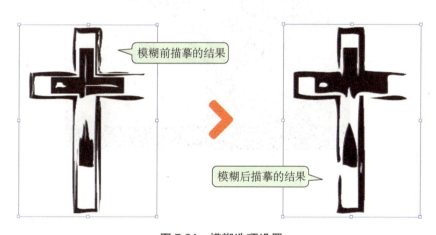

图 7-84　模糊选项设置

● 重新取样：指定调整图像的分辨率。在较低分辨率时，描摹速度就越快，但相反分辨率较高时就会变慢。当原图尺寸较大时，可以选择该选项，调低分辨率来提高描摹速度，但相应会获得质量较差的效果。

(3) 描摹设置

● 填色：在描摹结果中创建填充区域。

● 描边：在描摹结果中创建描边路径。"填充"和"描边"这两个选项，只有在"黑白"模式下才可用。

● 最大描边粗细：指定最大描边粗细。

● 最小描边长度:指定最小描边长度。"最大描边粗细"和"最小描边长度",只有在"描边"选项被选中时才可应用。

● 路径拟合:控制描摹形状和原始像素形状之间的距离,数值越小,路径越接近原图。

● 最小区域:指定原图被描摹的最小区域。例如,指定值是4,则小于2像素×2像素的区域将被忽略掉。

● 拐角角度:原始图像中转角的锐利程度,即描摹路径的拐角。拐角角度越大,锐利程度越小,相反,则越尖锐。

● 忽略白色:选中此项后,白色部分填充设为"无",即直接忽略掉。

(4) 视图

描摹对象是由两部分组成,就是原始图像和描摹结果。视图选项的目的是帮助设计者实时观察描摹对象结果与原图的对比。它包括栅格和矢量两部分,如图7-85所示。

图7-85　查看视图

● 栅格:指定以何种方式显示描摹对象的位图部分,也可以通过使用"控制面板"的"预览栅格图像的不同视图"按钮 ![icon] 来切换。它有4种选择:

① 无图像:不显示原来位图。
② 原始图像:显示原来位图。
③ 调整图像:显示调整后的位图。
④ 透明图像:显示透明位图。

● 矢量:指定以何种方式显示描摹对象的描摹结果。也可以通过使用"控制面板"的"预览矢量结果的不同视图"按钮 ![icon] 来切换。它有4种选择:

① 无描摹结果:不显示描摹结果。
② 描摹结果:显示描摹结果。
③ 轮廓:只显示轮廓。

④ 描摹轮廓：同时显示描摹结果和轮廓。
**（5）存储预设**
当设定好描摹选项后，你可以将预设存储起来下次应用，单击 存储预设(V)... 按钮即可，如图7-86所示。

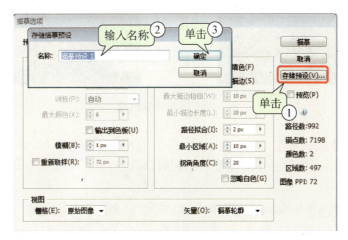

图7-86　存储预设

**（6）预览**
单击此选项，方便直接查看描摹选项设定的结果显示，根据情况随时修改。
**（7）追踪结果的数据显示**
在描摹对话框右下角显示了追踪结果的一些数据，分别由上到下依次为："路径数"、"锚点数"、"颜色数"、"区域数"和"图像PPI（分辨率）"。根据这些数据能直接查看描摹对象的信息。

### 3. 编辑实时描摹
**（1）改变描摹对象的显示状态**
单击描摹对象，然后单击控制面板的"预览栅格图像的不同视图"按钮 和"预览矢量结果的不同视图"按钮 ，弹出选项，再选择需要的显示选项即可改变显示状态。同样，前面亦讲过，在描摹选项对话框中也有这样的设置选择。
**（2）调整描摹结果**
单击描摹对象，选择菜单栏"对象/实时描摹/描摹选项"（或单击控制面板的"描摹选项"按钮），弹出"描摹选项"对话框，修改参数即可调整描摹对象的描摹结果，亦可单击控制面板的"预设"下拉列表，选择需要的预设值快速调整描摹结果。
**（3）将描摹对象转换为实时上色对象**
单击描摹对象，然后单击控制面板的"实时上色"按钮 实时上色 即可转换为实时上色对象。
**（4）释放实时描摹**
当不需要实时描摹，而又需要原图像时，可选择菜单栏"对象/实时描摹/释放"命令来恢复原图，如图7-87所示。

图 7-87　释放描摹对象

**4. 创建与管理描摹预设**

当某组描摹选项的参数设置会经常被用到时，可以将这组描摹选项设置保存为描摹预设中，操作步骤如下：

步骤 1　选择菜单栏"对象/实时描摹/描摹选项"命令，弹出"描摹选项"对话框，单击修改选项，选项设置如图 7-88 所示。

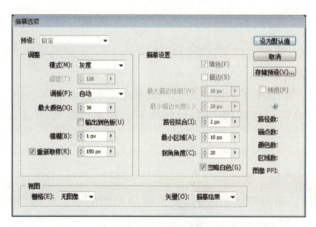

图 7-88　描摹选项

步骤 2　单击"描摹选项"对话框中的 存储预设(V)... 按钮，如图 7-89 所示。

图 7-89　存储预设

步骤 3　选择菜单栏"对象/描摹预设"命令，弹出"描摹预设"对话框，在"预设"选项框中，选中刚创建的"描摹预设 1"，再单击对话框右边的"编辑"或"删除"按钮，即可进行编辑和删除，如图 7-90 示。

项目七　符号与实时描摹

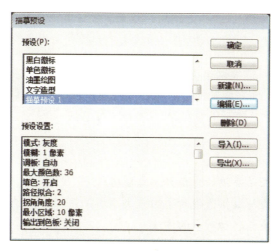

图 7-90　"描摹预设"对话框

## 小　　结

本项目介绍了符号工具的使用方法，并讲解了实时描摹在 Illustrator CS5 中对位图的功能与使用方法，学习了本项目后，应掌握以下主要内容：
1. 熟练创建符号实例，以及添加、删除和修改符号实例。
2. 熟练使用各种符号工具对符号集进行更改。
3. 掌握创建符号和符号库的方法。
4. 掌握使用实时描摹将位图图像转换为矢量图形的方法。
5. 掌握创建与释放描摹对象的方法。
6. 掌握管理与使用描摹预设的方法。

# 项目八　对象混合与透视网格

在 Illustrator CS5 中，透视网格提供了用于管理场景的视角和视距的网格预设，以及用于控制消失点、水平高度、地平面和原点的构件。用户还可以使用透视网格在参考照片的顶部或仍位于画板中的视频上绘制矢量对象。

『本项目学习目标』
- 掌握一点、两点、三点透视的使用方法与技巧
- 掌握在透视中创建与编辑透视对象的方法
- 掌握在透视中变换与移动对象的方法
- 掌握对象混合与替换轴混合的区别与使用方法
- 熟悉混合选项的设置

『本项目相关资源』

| | 素材文件 | 资源包中"项目八\素材"文件夹 |
|---|---|---|
| 资源包 | 结果文件 | 资源包中"项目八\结果文件"文件夹 |
| | 录像文件 | 资源包中"项目八\录像文件"文件夹 |

## 任务一　设计插画：梨

本任务通过梨的绘制，学习对象混合命令的使用方法与技巧，同时回顾与练习渐变、排列等命令的使用。最终效果如图 8-1 所示。

图 8-1　插画：梨

　操作步骤

步骤 1　打开素材文件。选择菜单栏"文件/打开"命令，弹出"打开"对话框，找出资源包中的素材"梨的素材.ai"的路径，打开文件，如图 8-2 所示。

步骤 2　执行混合命令。

(1) 使用"选择工具"，按住 Shift 键，选取"梨身"的轮廓，然后选择菜单栏"对象/混合/建立"命令，如图 8-3 所示。

项目八　对象混合与透视网格

图 8-2　打开文件

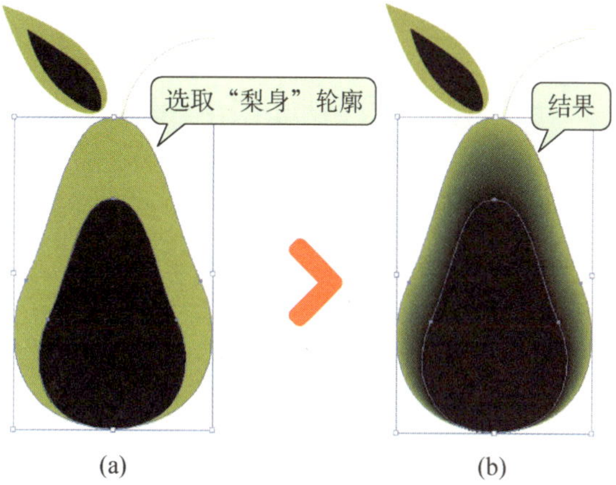

图 8-3　对"梨身"执行混合命令

(2) 同样方法,选取"叶子"的轮廓,执行"混合"命令,如图 8-4 所示。

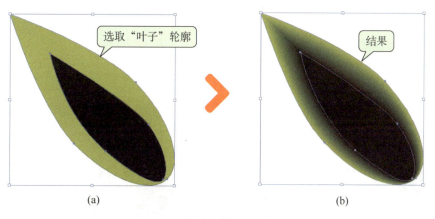

图 8-4　对"叶子"执行混合命令

(3) 同样方法,选取"叶柄",执行"混合"命令,如图 8-5 所示。

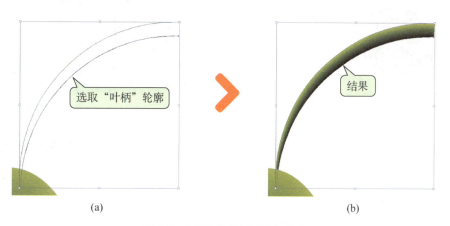

图 8-5　对"叶柄"执行混合命令

· 241 ·

（4）修改图形的混合参数。"叶柄"在选取的状态下时，选择菜单栏"对象/混合/混合选项"命令，弹出"混合选项"对话框，进行修改，如图8-6所示。

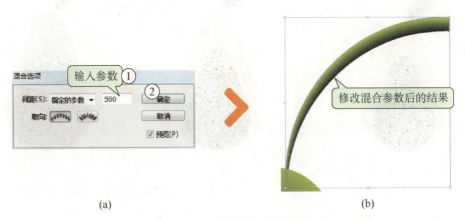

图8-6　修改"叶柄"混合参数

步骤3　创建背景。
（1）使用"矩形工具"绘制矩形，如图8-7所示。
（2）单击控制面板修改矩形的填充和描边，如图8-8所示。

图8-7　调整图片大小

图8-8　修改填充和描边

（3）选择菜单栏"窗口/渐变"命令，弹出"渐变"面板，单击"渐变"面板的色带条，为矩形添加渐变颜色，如图8-9所示。
（4）单击"渐变"面板，修改渐变参数，如图8-10所示。

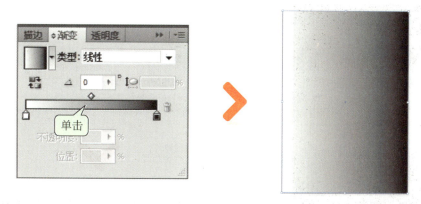

图 8-9 添加渐变

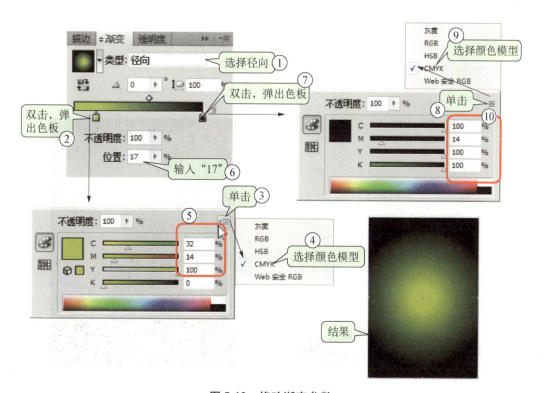

图 8-10 修改渐变参数

（5）将矩形背景置于底层。选择菜单栏"对象/排列/置于底层"命令，结果如图 8-11 所示。

步骤 4　创建梨的阴影。
（1）使用"椭圆工具"绘制椭圆，如图 8-12 所示。

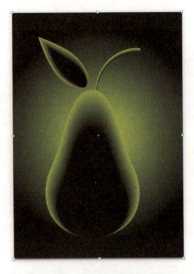

图 8-11　矩形背景置于底层

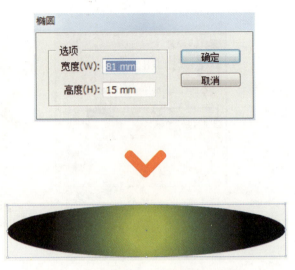

图 8-12　绘制椭圆

（2）修改椭圆的渐变颜色。选择菜单栏"窗口/渐变"命令，弹出"渐变"面板，单击"渐变"面板修改参数，如图 8-13 所示。

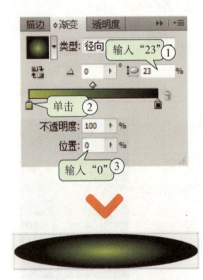

图 8-13　修改椭圆渐变参数

图 8-14　移动椭圆

（3）使用"选择工具"移动椭圆到梨的下方，如图 8-14 所示。

（4）单击鼠标右键，弹出右键菜单，选择"排列/后移一层"，如图 8-15 所示。

步骤 5　调整图形位置。使用"选择工具"移动调整各图形的位置，结果如图 8-16 所示。

# 项目八 对象混合与透视网格

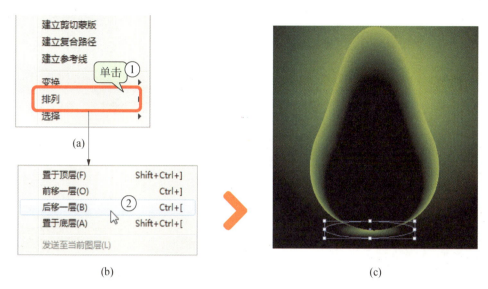

图 8-15 椭圆后移一层

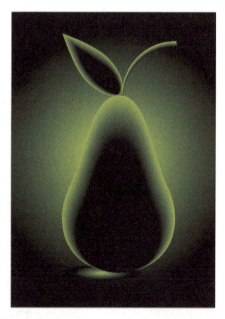

图 8-16 结果图

## 任务二 设计建筑背景：教学楼

本任务通过教学楼的绘制，学习透视网格工具的使用技巧，并回顾与练习直线工具、矩形工具等的使用。最终效果如图 8-17 所示。

图 8-17 教学楼背景

 操作步骤

步骤 1　打开素材文件。选择菜单栏"文件/打开"命令,弹出"打开"对话框,找到资源包中的素材"教学楼.ai"打开,如图 8-18 所示。

图 8-18 打开素材文件

步骤 2　选择菜单栏"视图/透视网格/一点透视/一点-正常视图"命令,系统显示透视网格,如图 8-19 所示。

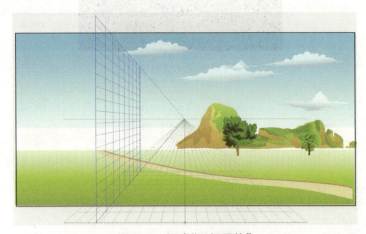

图 8-19 调出"透视网格"

项目八 对象混合与透视网格

> **提示**
> 退出透视网格的快捷键为 Ctrl+Shift+I 组合键。

步骤3 调整透视网格。

(1) 单击工具栏中的"透视网格工具"按钮 ⊞ (或按快捷键 Shift+P),激活"透视网格工具"并显示出网格控制点,如图 8-20 所示。

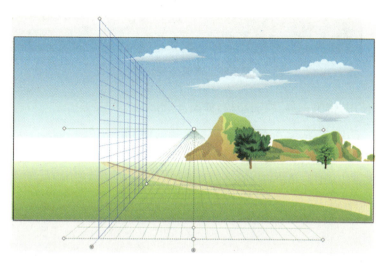

图 8-20 激活"透视网格工具"

(2) 使用"透视网格工具" ⊞ 单击其中一个控制点,移动调整网格,如图 8-21 所示。

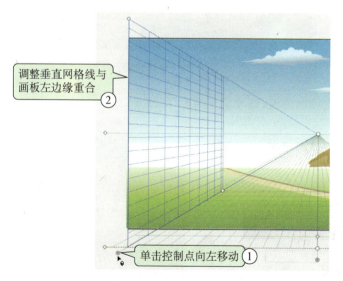

图 8-21 调整透视网格

(3) 同理,使用"透视网格工具"单击其他控制点,移动调整网格,结果如图 8-22 所示。

图 8-22　调整透视网格

步骤 4　使用"钢笔工具"绘制路径，如图 8-23 所示。

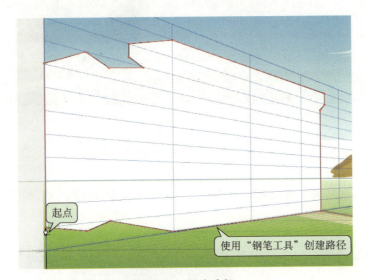

图 8-23　创建路径

步骤 5　单击控制面板，修改填充颜色，如图 8-24 所示。

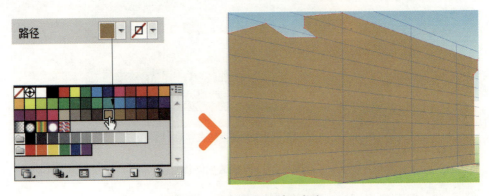

图 8-24　修改路径的填充颜色

步骤6 创建"教学楼"的侧面墙体。
(1) 使用"矩形工具",单击网格线绘制矩形,如图 8-25 所示。

图 8-25 绘制矩形　　　　　　　　图 8-26 修改矩形的填充颜色

(2) 单击控制面板修改矩形的填充颜色,如图 8-26 所示。
(3) 使用"直接选择工具",单击矩形右上角点,按住鼠标左键向上拉动完成"墙体"的绘制,如图 8-27 所示。

图 8-27 修改矩形　　　　　　　　图 8-28 创建第二个矩形

(4) 同理,创建另一面"墙体",如图 8-28 所示。
步骤7 与之前墙体的创建方法类似,创建教学楼的拐角、顶部楼板角沿和门,如图 8-29 至 8-33 所示。

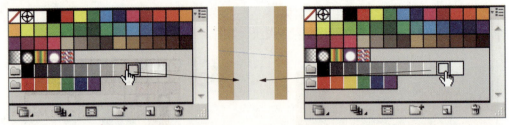

(a) 创建矩形,修改填充颜色

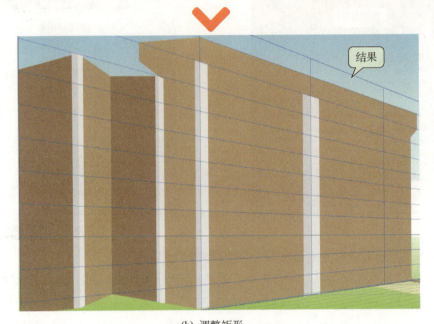

(b) 调整矩形

图 8-29 创建拐角

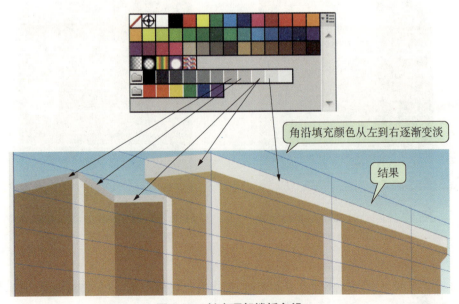

图 8-30 创建顶部楼板角沿

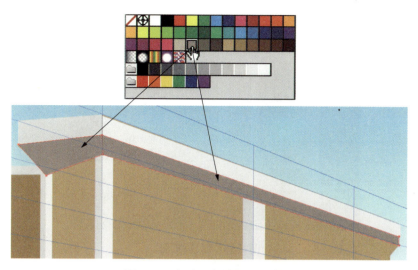

图 8-31 创建顶部楼板下方部分

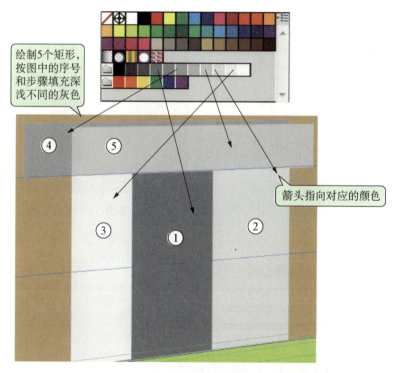

图 8-32 创建门

步骤8 创建教学楼的窗户。图中的窗户分为两种：带十字窗架的窗户和平开窗。

（1）按 Ctrl+Shift+I 组合键隐藏透视网格，使用"矩形工具"绘制窗体，如图 8-34 所示。

（2）使用"直接选择工具"单击矩形锚点调整形状，如图 8-35 所示。

（3）选择菜单栏"窗口/颜色"命令，弹出"颜色"面板，修改填充颜色，如图 8-36 所示。

图 8-33　整体效果

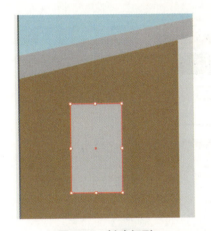

图 8-34　创建矩形

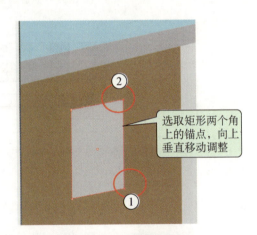

选取矩形两个角上的锚点，向上垂直移动调整

图 8-35　调整形状

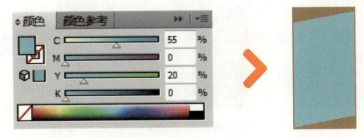

图 8-36　修改填充颜色

（4）同理，绘制"十字窗架"，如图 8-37 所示。

（5）使用"选择工具"，按住 Shift 键选取"窗架"和"窗口"，然后选择菜单栏"对象/编组"命令，如图 8-38 所示。

（6）选择菜单栏"对象/变换/移动"命令，弹出"移动"对话框，如图 8-39 所示。

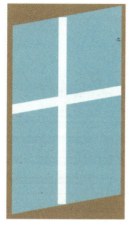
图 8-37　创建窗架

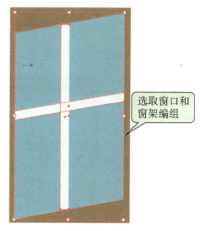
图 8-38　编组

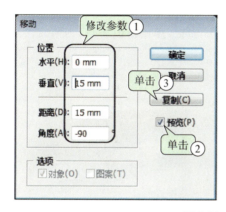

图 8-39　移动复制

（7）同理，完成其他"窗户"的制作，结果如图 8-40 所示。

图 8-40　绘制其他窗户

图 8-41　绘制矩形

（8）接下来，将要绘制平开窗。按 Ctrl＋Shift＋I 组合键显示透视网格，使用"矩形工具"沿着网格线绘制一个矩形，作为窗体，结果如图 8-41 所示。

· 253 ·

(9) 同理,在刚创建的矩形基础上,沿着网格线绘制另一个矩形,大小是其一半,如图 8-42 所示。

图 8-42 绘制矩形

图 8-43 填充矩形

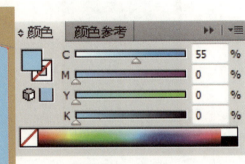

(10) 选择菜单栏"窗口/颜色"命令,弹出"颜色"面板,单击修改参数,为第二个矩形填充颜色,如图 8-43 所示。

(11) 同理,创建其他"平开窗",结果如图 8-44 所示。

图 8-44 创建平开窗

图 8-45 创建"玻璃墙体"

步骤9 同理,根据教学楼窗户的创建方法,创建玻璃墙体,颜色与窗户的蓝白色一样,结果如图 8-45 所示。

步骤10 按 Ctrl+Shift+I 组合键隐藏透视网格,然后使用"选择工具"选取玻璃墙体的路径将其移动到合适位置,最终结果如图 8-46 所示。

项目八　对象混合与透视网格

图 8-46　最终结果图

# 相关知识与技能

## 一、对象混合的使用

混合对象可在两个对象之间按一定的规律实现二者的过渡变化，既可按指定参数平均分布形状，也可以在两个开放路径之间进行平滑的过渡混合；既可以是两个对象的颜色和形状的混合过渡，也可以在特定对象形状中创建颜色过渡，如图 8-47 所示。

图 8-47　混合对象

### 1. 创建对象混合

可选择两个或多个路径对象，使用"混合工具"或"建立混合"命令来创建混合。

建立"对象混合"

打开资源包中的素材"项目八\素材\创建对象混合.ai"文件后，进行如下操作。

步骤 1　选择菜单栏"对象/混合/混合选项"命令，弹出"混合选项"对话框后，在

"间距"下拉按钮 中选择"指定的步数",然后输入参数"50",如图8-48所示。

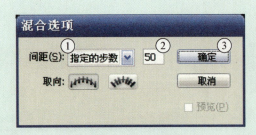

图8-48 指定步数

步骤2 使用"选择工具",同时按下Shift键,选取两条开放路径,选择菜单栏"对象/混合/建立"命令,如图8-49所示。

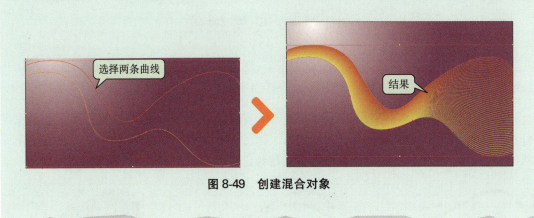

图8-49 创建混合对象

### 2. 创建替换混合轴和反向混合轴

混合轴是混合对象时对齐的路径,替换混合轴即更换对象混合时的对齐路径,创建新的混合效果反向混合轴即颠倒混合轴上的混合顺序。

继续使用上例图形,首先绘制一条路径作为混合轴,使用"选择工具"选取已完成的混合对象及路径,接着选择菜单栏"对象/混合/替换混合轴"命令,完成替换混合轴,然后再选择菜单栏"对象/混合/反向混合轴"命令,如图8-50所示。

项目八　对象混合与透视网格

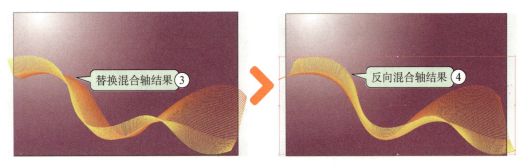

图 8-50　建立替换混合轴和反向混合轴

### 案例实践

建立"替换混合轴"

打开资源包中的素材"项目八\素材\替换混合轴.ai"文件后,进行如下操作。

使用"选择工具",按住 shift 键选取已完成的混合对象及用于替换的路径,接着选择菜单栏"对象/混合/替换混合轴"命令,结果如图 8-51 所示。

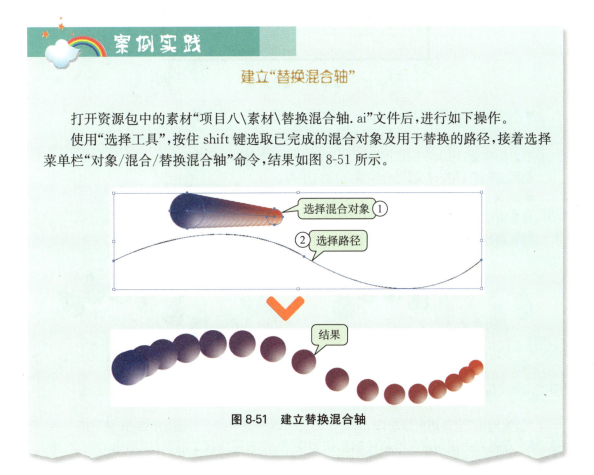

图 8-51　建立替换混合轴

**3. 反向堆叠**

"反向堆叠"是颠倒混合对象中的堆叠顺序。

继续使用图 8-51 中的图形,选择混合对象后,选择菜单栏"对象/混合/反向堆叠"命令,如图 8-52 所示。

**4. 混合选项的设置**

双击"混合工具" 按钮,或选择"对象/混合/混合选项"来设置混合选项,如图 8-53 所示。如要更改现有混合的选项,需先选择混合对象。

图 8-52　反向堆叠

图 8-53　混合选项

● "间距"：确定要添加到混合的步骤数。其选项说明如下：
平滑颜色：Illustrator 自动计算混合的步骤数。
指定的步数：用来控制在混合开始与混合结束之间的步骤数。
指定的距离：用来控制混合步骤之间的距离。
● 取向：确定混合对象的方向。其选项说明如下：
对齐页面 ：使混合垂直于页面的 x 轴，如图 8-54 所示。
对齐路径 ：使混合垂直于路径，如图 8-55 所示。

图 8-54　对齐页面　　　　　　　　　　　图 8-55　对齐路径

## 二、透视网格的使用

"透视网格"可启用网格功能，支持在真实的透视图平面上直接绘图。在精确的一点、二点、或三点透视中使用透视网格绘制形状和场景。"透视选区工具"可以动态地移动、缩放、复制和变换对象，还可以使用"透视选区工具"沿对象当前位置垂直移动对象。

选择菜单栏"视图/透视网格/两点透视"命令，画板中便可创建两点透视网格，如图 8-56 所示。

● 显示网格有如下方式：
① 按下组合键 Ctrl＋Shift＋I。
② 单击工具栏"透视网格工具"按钮 。
③ 选择菜单栏"视图/透视网格/显示网格"命令。
● 隐藏网格有如下方式：
① 按下组合键 Ctrl＋Shift＋I。
② 选择菜单栏"视图/透视网格/隐藏网格"命令。

项目八 对象混合与透视网格

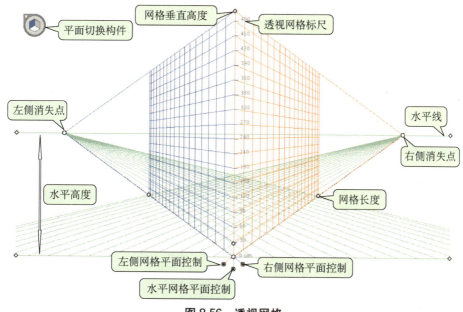

图 8-56 透视网格

③ "透视网格工具"在使用状态下时,单击 "平面切换构件"的"×"号。

### 1. 透视网格的类型

在菜单栏"视图/透视网格"子菜单中分别提供了一点、两点和三点透视预设,如图 8-57 所示。

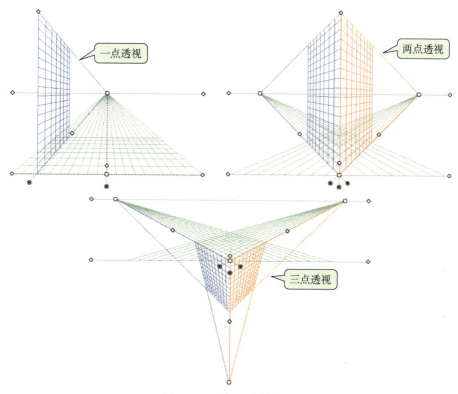

图 8-57 透视网格的类型

## 2. 透视网格预设

选择菜单栏"编辑/透视网格预设"命令，系统弹出"透视网格预设"对话框后，在对话框中单击"新建"或"编辑"按钮，可弹出"定义透视网格"对话框，如图8-58所示。

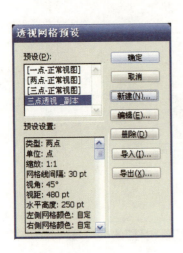

图8-58 透视网格预设

各选项说明如下：

① 名称：要存储的新预设名称。
② 类型：选择预设网格的类型：一点透视、两点透视或三点透视类型。
③ 单位：选择测量网格大小的单位。
④ 缩放：选择查看的网格比例或设置画板和真实世界尺寸。
⑤ 网格线间隔：此属性确定网格单元格大小。
⑥ 视角：指该虚构立方体的右侧面与图片平面形成的角度。
⑦ 视距：观察者与场景之间的距离。
⑧ 水平高度：为预设指定水平高度。
⑨ 第三个消失点：选择三点透视类型时可显示此选项，用来指定 x、y 坐标。
⑩ 网格颜色：分别从左侧网格、右侧网格和水平网格的下拉列表中设置各自的颜色。还可以使用"颜色选取器"选择自定义颜色。
⑪ 不透明度：更改网格的不透明度。

### (1) 更改原预设属性

单击"透视网格预设"对话框中的"编辑"按钮，弹出"定义透视网格"对话框，更改属性选项后，单击"确定"即可。

### (2) 新建预设

单击"透视网格预设"对话框中的"新建"按钮，弹出"定义透视网格"对话框，输入预设"名称"与设置所需属性选项后，单击"确定"即可。

### (3) 删除预设

选择用户定义的预设后，在"透视网格预设"对话框中单击"删除"即可。

> **提示**
> 在"定义网格预设"对话框中,只可删除用户定义的预设,无法删除默认预设。

### 3. 移动透视网格

在 Illustrator 文档中只能创建一个网格,可以通过拖动地平面构件来移动网格,以将其放在所需位置上。

单击"透视网格工具"按钮(或按下快捷键 Shift+P),然后拖动网格上的左或右地平面构件。将光标移动到地平面构件的点上时,指针将变为 ,即可移动透视网格,如图 8-59 所示。

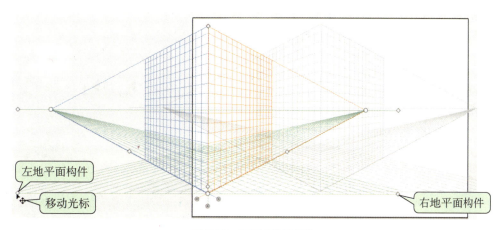

图 8-59 移动透视网格

### 4. 调整透视网格

"透视网格工具"在激活状态下时,可以使用各个构件手动调整消失点、网格平面控件、水平高度和单元格大小。

#### (1) 调整消失点

"透视网格"中有左侧和右侧消失点。激活"透视网格工具",光标移动至消失点上方时,光标显示为"双向箭头" ,单击并拖动光标即可调整消失点位置。如图 8-60 所示为调整二点透视中的右消失点。

若选择菜单栏"视图/透视网格/锁定站点"命令,调整任何一个消失点,其他消失点将同时移动。

> **提示**
> 在三点透视中调整第三个消失点时,按住 Shift 键可将移动限制在纵轴上。

#### (2) 调整网格平面控制

可使用各个网格平面控制构件调整左、右和水平网格平面。

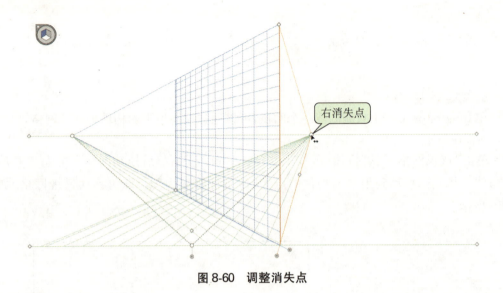

图 8-60  调整消失点

将光标移至到网格平面控件上方时,光标显示为"双向箭头"➤↔ 或 ➤↕ 时,即可调整,如图 8-61 所示。

> **提示**
> 在移动网格平面时按住 Shift 键,会使运动按照单元格大小移动。

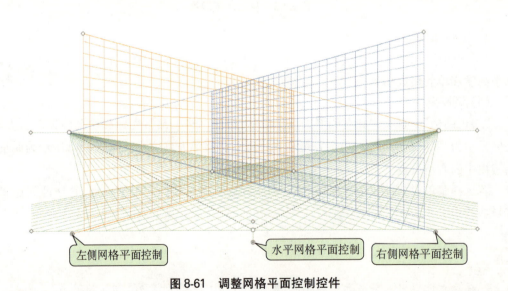

图 8-61  调整网格平面控制控件

### (3) 调整水平高度

调整水平高度以更改观察者的视线高度。当指针移动到水平线上方,指针将变为垂直双向箭头 ➤↕ 时,即可拖动调整,如图 8-62 所示。

项目八　对象混合与透视网格

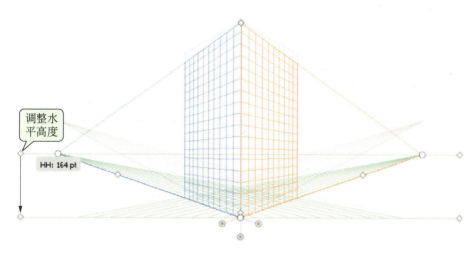

图 8-62　调整水平高度

**(4) 调整网格单元格大小**

"网格单元格大小"构件可放大或缩小单元格,当光标移至到"网格单元格大小"构件上方,光标显示为 ▶▫ 时,即可拖动调整,图 8-63 所示。

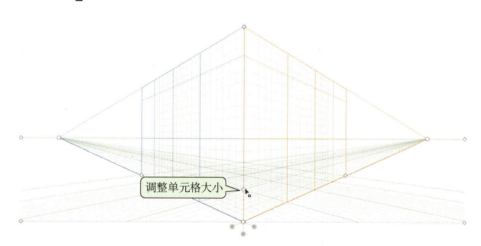

图 8-63　调整网格单元格大小

> **提示**
> 当增大网格单元格时,单元格数量将减少。

**(5) 调整网格长度范围**

将光标移至网格范围构件上方,光标显示为 ▶⊞ 时,即可拖动调整,如图 8-64 所示。

**(6) 调整网格垂直高度范围**

将光标移至网格垂直高度构件上方,光标显示为 ▶⊞ 时,即可拖动调整,如图 8-65 所示。

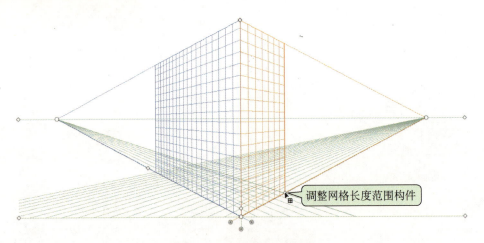

图 8-64　调整网格长度范围

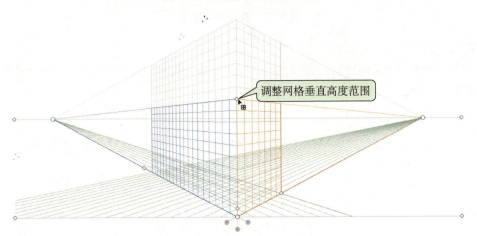

图 8-65　调整网格垂直高度范围

## 小　　结

本项目全面介绍了对象混合与透视网格的使用方法及使用技巧,学习了本项目后,应掌握以下主要内容:
1. 掌握对象混合与替换混合轴、反向混合轴的区别与使用方法。
2. 熟悉混合选项的设置。
3. 熟悉一点、两点、三点透视的区别与预设。
4. 在透视中熟练创建与编辑图形对象。
5. 掌握透视网格工具变换与调整网格平面的方法。